"十二五"职业教育国家规划教材 | 新形态立体化
经全国职业教育教材审定委员会审定 | 精品系列教材

Flash

CS6

动画设计

立体化教程

第2版 | 微课版

兰和平 / 编著

人民邮电出版社

北　京

图书在版编目（CIP）数据

Flash CS6动画设计立体化教程：微课版 / 兰和平
编著. -- 2版. -- 北京：人民邮电出版社，2023.3
新形态立体化精品系列教材
ISBN 978-7-115-60228-2

Ⅰ. ①F… Ⅱ. ①兰… Ⅲ. ①动画制作软件－高等职
业教育－教材 Ⅳ. ①TP391.414

中国版本图书馆CIP数据核字（2022）第188211号

内 容 提 要

本书采用项目教学法，主要讲解 Flash CS6 基础知识、绘制与编辑图形、制作 Flash 基本动画、制作引导层与遮罩动画、制作有声动画、制作 3D 动画和骨骼动画、制作脚本与组件动画，以及 Flash 动画后期制作等知识。本书最后还安排了 Flash 综合商业案例的内容，以帮助学生进一步提高对相关知识的应用能力。

本书将项目分解为若干个任务，每个任务分别由任务目标、相关知识、任务实施 3 个部分组成，并提供实训内容。每个项目最后还总结了常见疑难问题解析，并安排了拓展知识与课后练习。本书着重培养学生对软件的实际操作能力，将职业场景引入课堂教学，让学生提前了解职场。

本书既适合作为职业院校"动画设计"课程的教材，也适合作为各类培训学校"动画设计"相关专业的教材，同时还可供 Flash 爱好者、动画制作爱好者自学使用。

◆ 编　　著　兰和平
　　责任编辑　刘　佳
　　责任印制　王　郁　焦志炜
◆ 人民邮电出版社出版发行　　北京市丰台区成寿寺路 11 号
　　邮编　100164　　电子邮件　315@ptpress.com.cn
　　网址　https://www.ptpress.com.cn
　　北京市艺辉印刷有限公司印刷
◆ 开本：787×1092　1/16
　　印张：13.5　　　　　　　　　　　2023 年 3 月第 2 版
　　字数：344 千字　　　　　　　　　2023 年 3 月北京第 1 次印刷

定价：59.80 元

读者服务热线：(010)81055256　印装质量热线：(010)81055316
反盗版热线：(010)81055315
广告经营许可证：京东市监广登字 20170147 号

前言 PREFACE

近年来，职业教育课程不断改革发展，教学方式不断变化，再加上计算机软硬件日新月异，市场上很多教材在软件版本、硬件型号、教学结构等方面都已不再适用于目前的教学需求。

有鉴于此，我们认真总结了教材编写经验，并深入调研各地、各类职业教育院校的教学需求，组织了一批优秀的、具有丰富教学经验和实践经验的作者编写本套教材，以帮助各类职业院校快速培养出优秀的技能型人才。为了让本套教材更好地服务于广大教师和学生，我们根据一线教师的建议，着手教材的升级改版工作，本次改版主要更新了部分案例并优化了内容，使其更加适用于现代教学。

本着"工学结合"的原则，我们主要通过教学方法、教学内容和教学资源3个方面来体现本套教材的特色。

 教学方法

本书为本套教材的其中一本。本书精心设计"情景导入→任务讲解→上机实训→常见疑难问题解析与拓展知识→课后练习"5段教学法。首先将职业场景引入课堂教学，激发学生的学习兴趣；然后在任务的驱动下，贯穿"做中学，做中教"的教学理念；最后有针对性地解答常见问题，并通过课后练习全方位帮助学生提升专业技能。

● **情景导入**：以情景对话的方式引入项目主题，介绍相关知识点在实际工作中的应用情况及其与前后知识点之间的联系，让学生了解学习这些知识点的必要性和重要性。

● **任务讲解**：以实践为主，强调"应用"。每个任务先指出要做一个什么样的案例，制作的思路是怎样的，需要用到哪些知识点，然后讲解完成该案例必需的基础知识，最后分步骤详细讲解任务的实施过程。讲解过程中穿插了"知识提示""多学一招"两个小栏目。

● **上机实训**：结合任务讲解的内容和实际工作中会遇到的操作要求，提供适当的操作思路及步骤提示作为参考，要求学生独立完成实训，从而充分训练学生的动手能力。

● **常见疑难问题解析与拓展知识**：精选学生在实际操作和学习过程中经常会遇到的问题答疑解惑，拓展知识模块，让学生可以深入、综合地了解一些提高专业能力的应用知识。

● **课后练习**：结合该项目内容给出难度适中的上机操作题，通过练习，学生可以强化、巩固所学知识。

教学内容

本书的教学目标是循序渐进地帮助学生掌握Flash动画制作的方法与技巧。全书共9个项目，可分为以下几个方面。

● **项目一~项目二**：主要讲解Flash动画的入门知识，包括Flash CS6基础知识和绘制与编辑图形的知识。

● **项目三~项目四**：主要讲解Flash基本动画的制作，包括制作Flash基本动画、制作引导层与遮罩动画的知识。

● **项目五~项目七**：主要讲解Flash高级动画的制作，包括制作有声动画、制作3D

动画和骨骼动画，以及制作脚本与组件动画的知识。

- **项目八：** 主要讲解 Flash 动画后期制作，包括优化动画与发布动画的知识。
- **项目九：** 主要讲解 Flash 综合商业案例的制作，包括制作"网站进入"动画和制作"打地鼠"游戏，最后进行综合实训。

教学资源

本书的教学资源包括以下几个方面的内容。

- **素材文件与效果文件：** 包含书中各案例涉及的素材与效果文件。
- **教材对应视频操作：** 本书为涉及的所有案例、实训，以及讲解的重要知识点都提供了二维码，扫码即可查看对应的操作演示及知识点的讲解，同时读者也可下载 MP4 格式的视频文件进行学习，方便读者灵活地运用碎片时间即时学习。
- **模拟试题库：** 包含丰富的、关于 Flash 动画设计的相关试题，读者可自动组合出不同的试卷进行测试。
- **PPT 课件和教学教案：** 包含 PPT 课件和 Word 文档格式的教学教案，以便教师顺利开展教学工作。
- **拓展资源：** 包含素材和动画案例欣赏等。

特别提醒：上述教学资源可访问人民邮电出版社人邮教育社区（http://www.ryjiaoyu.com）搜索书名进行下载。

本书由兰和平编著。虽然编者在编写本书的过程中倾注了大量心血，但百密之中可能仍有疏漏，恳请广大读者及专家不吝赐教。

编者

2023 年 1 月

目录 CONTENTS

项目五　制作有声动画　89

项目六　制作3D动画和骨骼动画　107

项目七　制作脚本与组件动画　127

项目八　Flash动画后期制作　155

项目九　Flash综合商业案例　179

项目一
Flash CS6基础知识

情景导入

　　米拉看见老洪正在专心地盯着屏幕做动画，便好奇地问："您用的什么软件呀？做的动画这么漂亮！""用的Flash CS6呀！"老洪回答道。米拉兴奋地说："哎呀！我早就想学习制作Flash动画了，可以教我吗？"老洪说："当然可以，不止Flash动画，还有许多Flash游戏和Flash网站，都是用这个软件制作的，既然你想学，我就教你好了，现在就让我给你展示Flash动画的美丽世界吧！"

学习目标

● 了解Flash动画设计与制作流程。如打开Flash文件，预览与发布Flash动画。	● 认识Flash CS6的操作界面。如菜单栏、"时间轴"面板、其他面板、场景和舞台等。

案例展示

▲ "荷塘"动画

▲ "童趣"动画

任务一　认识 Flash动画

Flash是一款由Macromedia公司设计的制作交互式矢量图和Web动画的软件，现已被Adobe公司收购，它以简单易学、画面流畅，风格生动并多变的特点，赢得了广大动画爱好者的青睐。下面介绍Flash动画的基本知识，并完成Flash动画的发布操作。

一、任务目标

本任务将学习打开Flash文件并发布动画的方法，即使用Flash CS6打开一个Flash源文件，进行简单的预览后将其发布为Flash动画。通过本任务的学习，读者可以掌握Flash CS6中文件的打开、预览及发布动画的操作。本任务完成后的效果如图1-1所示。

素材所在位置　素材文件\项目一\任务一\荷塘.fla
效果所在位置　效果文件\项目一\任务一\荷塘.swf

图1-1　发布后的Flash动画

二、相关知识

Flash动画独特的魅力使它成为众多动画爱好者的选择。在学习Flash CS6前，先来看看Flash动画设计简介、Flash动画应用领域与优秀作品欣赏、Flash动画设计流程等基础知识。

（一）Flash动画设计简介

Flash动画是目前网络上较流行的一种交互式动画，这种格式的动画可以使用Adobe公司开发的Flash Player播放器观看，也可以插入网页中进行播放。Flash动画受到广大动画爱好者的喜爱，主要有以下4个方面的原因。

- Flash动画一般使用矢量图制作，无论将其放大多少倍都不会失真，且完成后动画文件较小，利于传播。因此无论是在计算机还是在平板电脑或手机等设备上播放Flash动画，用户都可以获得非常好的画质与观看体验。
- Flash动画具有交互性，即用户可以通过单击、选择、输入或按键等方式与Flash动画进行交互，从而控制动画的运行过程与结果，这是单一的逐帧动画无法比拟的，也是很多游戏开发者，甚至很多网站选择使用Flash动画的原因。

- 制作Flash动画的成本低。使用Flash CS6制作的动画包含大量可重复使用的动画元件，这能够大大地减少人力、物力资源的消耗，同时节省制作时间。
- Flash动画采用先进的"流"式播放技术，用户可以边下载边观看，能完全适应当前网络的需要。另外，在Flash CS6的ActionScript（AS）脚本中加入等待程序，可在动画下载完毕后再观看，解决了Flash动画下载速度慢的问题。

知识提示

Flash 动画的专业制作软件——Flash CS6

Flash 动画的专业制作软件 Flash CS6 支持多种文件格式的导入与导出，除了可以导入图片外，还可以导入视频、声音等。可导入的图片格式及视频格式非常多，如 JPG、PNG、AI、PSD、DXF、GIF 等，其中导入 AI、PSD 等格式的图片时，还可以保留矢量元素及图层信息。另外 Flash CS6 的导出功能也非常强大，不仅可以导出 SWF 动画格式，还可以导出 AVI、GIF、HTML、MOV、EXE 等多种文件格式。Flash CS6 可以将 Flash 动画导出为多种版本的文件，如导出为 SWF 及 HTML 格式文件，再将其放到互联网中，就可以通过网络观看 Flash 动画，或将 Flash 动画导出为 GIF 动画，然后发到 QQ 群中，这样 QQ 好友就可以查看动画效果了（QQ 群不支持直接播放 Flash 动画）。

（二）Flash动画应用领域与优秀作品欣赏

Flash动画的应用领域非常广泛，下面对目前较常见的应用领域进行介绍，并给出对应的优秀作品。

1. 娱乐短片

娱乐短片是当前国内较流行，也是广大动画爱好者较热衷的一个应用领域，即利用Flash制作动画短片，以供大家娱乐。这是一个发展潜力很大的领域，也是动画爱好者展现自我的平台。图1-2所示为使用Flash CS6制作的娱乐短片。

2. MTV

MTV也是Flash动画应用比较广泛的形式，如图1-3所示。在一些Flash动画制作网站中，几乎每周都有新的MTV作品产生。

图1-2 Flash娱乐短片

图1-3 Flash MTV

3. 游戏

现在有很多网站都提供了在线游戏。这种运行在网站上的游戏基本都是使用Flash开发制作的，由于其操作简单、画面美观，因此受到用户的喜爱，图1-4所示为Flash小游戏的截图。

4. 导航条

导航条是网页设计中不可缺少的部分，它通过相关技术手段，为网站的访问者提供一定的途径，方便其访问到所需的内容，并在浏览网站时可以快速从一个页面跳转到另一个页面。使用Flash制作出来的导航条功能非常强大，图1-5所示为某网站的Flash导航条。

图1-4　Flash小游戏　　　　　　　　　　图1-5　Flash导航条

5. 片头

片头一般用于介绍企业整体信息并展示企业形象，从而达到吸引用户查看的目的。许多网站都会选择使用一段精美的片头动画作为过渡页面。片头动画可以在短时间内把企业的整体信息传达给用户，加深用户对该企业的印象，图1-6所示为某网站的片头动画效果图。

6. 广告

网页中的广告多数是使用Flash制作的。使用Flash制作的广告不仅利于网络传输，还能导出为视频格式，在传统电视媒体上播放，以满足多平台播放的需要，图1-7所示为某广告的效果图。

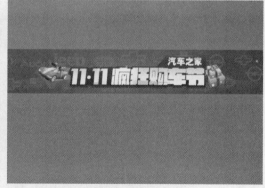

图1-6　Flash片头　　　　　　　　　　图1-7　Flash广告

7. 网站

企业的网站是宣传企业、展示企业形象、扩展企业业务的重要途径，为了吸引用户的注意力，现在有些企业会使用Flash制作网站，如图1-8所示。

8. 产品展示

由于Flash拥有强大的交互功能，所以很多公司都会使用Flash来制作产品展示动画。用户可以直接通过鼠标或键盘选择观看产品的功能与效果，如图1-9所示。

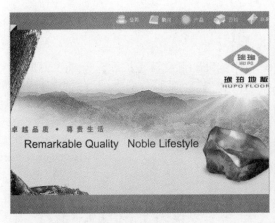

图1-8　Flash网站

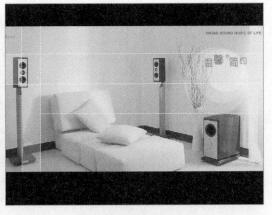

图1-9　Flash产品展示

（三）Flash动画设计流程

在制作一个出色的Flash动画前，需要对该动画的每一个部分进行精心的策划，然后根据前期策划一步一步地制作。制作Flash动画的过程一般可分为以下6步。

1. 前期策划

在制作Flash动画之前，应先明确制作动画的目的、所要针对的用户群体、动画的风格、色调等，然后根据用户的需求制作一套完整的设计方案，并对动画中出现的人物、背景、音乐及动画剧情的设计等要素做具体的安排，以方便后面收集素材。

2. 搜集素材

在搜集素材时，要有针对性地对具体素材进行搜索，避免盲目地搜集一大堆素材，浪费制作时间。完成素材的搜集后，可以将素材按一定的规格使用其他软件（如Photoshop）进行编辑，以便后续动画的制作。

3. 制作动画

制作动画是创建Flash动画非常重要的一步，动画的动态效果将直接决定Flash动画的成功与否。因此在制作动画时要注意动画中的每一个环节，要随时预览并观察动画效果，及时发现和处理动画中的不足。

4. 后期调试与优化动画

动画制作完毕后，应对动画进行全方位的调试，调试的目的是使整个动画效果更加流畅、紧凑，且按预期的效果进行播放。优化动画主要是针对动画对象的细节、分镜和动画片段的衔接、声音与画面是否同步等进行优化，以保证Flash动画的最终播放效果与质量。

5. 测试动画

动画制作完成并调试优化后，应对动画的播放及下载等进行测试，因为每个用户的计算机软硬件配置都不相同，所以应尽量在不同配置的计算机上测试动画，然后根据测试结果对动画进行调整和修改，使其在不同配置的计算机上均有很好的播放效果。

6. 发布动画

发布动画是Flash动画制作过程中的最后一步，用户可以对动画的播放格式、画面品质和声音等进行设置。在发布动画时，应根据动画的用途、使用环境等进行导出格式的设置，而不是一味地追求较高的画面质量、声音品质，避免增加不必要的文件内容导致文件过大，影响动画的传输。

三、任务实施

（一）打开Flash文件

安装Flash CS6后，可以直接双击存储在计算机中的Flash源文件（扩展名为.fla），启动Flash CS6并打开Flash文件。另外，也可以先通过"开始"菜单启动Flash CS6，再通过选择菜单命令的方式打开Flash文件，其具体操作如下。

（1）选择【开始】/【所有程序】/【Adobe】/【Adobe Flash Profess-ional CS6】菜单命令，启动Flash CS6，如图1-10所示。

（2）选择【文件】/【打开】菜单命令，或在欢迎屏幕"打开最近的项目"栏中选择"打开"选项，如图1-11所示。

（3）打开"打开"对话框，选择要打开的Flash文件，再单击 打开(O) 按钮即可打开Flash文件，如图1-12所示。

微课视频

打开 Flash 文件

图1-10　启动Flash CS6

图1-11　打开"打开"对话框的两种方式

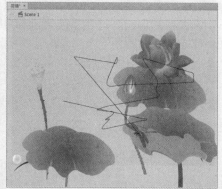

图1-12　打开Flash文件

知识提示

快速打开 Flash 文件

　　在"打开"对话框的文件列表框中双击 Flash 文件，可快速打开 Flash 文件。

（二）预览与发布动画

打开Flash文件后，可以先预览动画效果，然后对其进行发布操作，其具体操作如下。

（1）打开Flash文件后，按【Enter】键即可预览动画效果（单帧或脚本动画采用此方法无法预览Flash动画效果），图1-13所示为部分动画效果画面，蜻蜓在随风摆动的荷花和荷叶中飞舞。

图1-13 预览动画效果

（2）如果Flash动画是脚本动画，则使用步骤（1）的方法无法预览动画，此时可选择【文件】/【发布预览】菜单命令，在其中选择相应命令进行预览，此操作是先发布再预览动画，图1-14所示为选择【文件】/【发布预览】/【Flash】菜单命令所获得的预览效果。

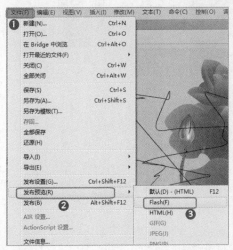

图1-14 "发布预览"动画效果

多学一招

Flash 发布生成的文件

选择【文件】/【发布预览】/【HTML】菜单命令发布预览 Flash 动画，将在发布 Flash 动画的同时生成一个包含该 Flash 动画的 HTML 网页文件，双击该文件可在网页中查看 Flash 动画的播放效果。

Flash 源文件不能插入网页，只有发布后的文件（扩展名为 .swf）才能插入网页。默认情况下，发布的 Flash 文件的保存位置与 Flash 源文件的位置相同。

任务二　制作"童趣"动画

在很多动画设计中还需要对画面进行布局，从而使动画更加完整生动。本任务将制作"童趣"动画，在制作时需要进行导入素材文件、制作童趣场景、制作动画等操作，为动画添加角色图像，可使动画画面更加丰满。

一、任务目标

本任务将对"童趣"动画进行布局。在动画制作中为动画布局非常重要，它直接影响着动画画面的美观程度。对于大型动画，为动画布局一般分为3步：首先是构思，在纸张上将物体放置的大致位置绘制出来并制作脚本；然后制作各物体；最后根据脚本布局动画。本任务完成后的效果如图1-15所示。

素材所在位置　素材文件\项目一\任务二\童趣\
效果所在位置　效果文件\项目一\任务二\童趣.fla

效果文件

"童趣"动画

图1-15　"童趣"动画

二、相关知识

熟练使用Flash CS6的面板可以更高效地制作动画场景。下面对Flash CS6文件类型、操作界面等知识进行介绍。

（一）Flash CS6的常用文件类型

在Flash CS6中可以创建多种类型的文件，如"Flash文件（ActionScript 3.0）""Flash文件（ActionScript 2.0）""Flash文件（AIR）"等，这些文件类型有不同的应用场景，下面分别进行介绍。

- **Flash文件（ActionScript 3.0）与Flash文件（ActionScript 2.0）**：这两种类型的文件都是最基本的Flash文件，区别在于使用的脚本语言的版本不同。ActionScript 3.0（简称AS 3.0）与ActionScript 2.0（简称AS 2.0）都是Flash的编程语言，AS 2.0相对AS 3.0来说比较简单，但AS 3.0并不是对AS 2.0的升级更新，而是全面的改变，AS 3.0更接近Java或C#等面向对象的编程语言，所以学习过AS 2.0的用户仍需要学习AS 3.0。

- **Flash文件（AIR）**：是为了实现Flash跨平台使用而开发的应用。AIR使Flash不再受限于操作系统，在桌面上即可体验丰富的互联网应用，并且比以往占用的资源更少、运行速度更快、动画表现更流畅。

● **Flash文件（AIR for Android/AIR for iOS）**：面向手机用户开发，可制作适用于手机的Flash应用。

● **Flash幻灯片演示文稿**：该类型的Flash文件可以制作幻灯片演示文稿，像PowerPoint软件一样，且Flash幻灯片演示文稿可以具有更丰富的动态效果。

● **ActionScript文件**：ActionScript文件用于创建一个新的外部脚本文件（.as），并可在"脚本"窗口中编辑。

（二）认识Flash CS6操作界面

Flash CS6的操作界面主要由菜单栏、工具箱、面板（包括"时间轴"面板、"动画编辑器"面板、"属性"面板、"颜色"面板、"库"面板等），以及场景和舞台组成，如图1-16所示。下面对Flash CS6的操作界面进行介绍。

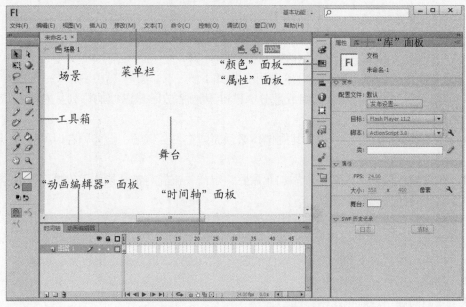

图1-16　Flash CS6操作界面

1. 菜单栏

Flash CS6的菜单栏主要包括文件、编辑、视图、插入、修改、文本、命令、控制、调试、窗口、帮助等菜单。在制作Flash动画时，执行对应菜单中的命令，即可实现特定的操作。

2. 工具箱

工具箱主要由"工具""查看""颜色""选项"等部分组成，可用于绘制、选择、填充、编辑图像。各种工具不但具有相应的绘图功能，还可设置相应的选项和属性。如"颜料桶工具"有不同的封闭选项及颜色等属性，如图1-17所示。

3. "时间轴"面板

"时间轴"面板是Flash动画中最重要的面板之一，它用于组织和控制一定时间内的图层和帧中的内容。与胶片一样，Flash也将时长分为帧，各个图层就像堆叠在一起的多张幻灯片，每个图层都包含舞台中的不同图像。选择【窗口】/【时间轴】菜单命令，打开"时间

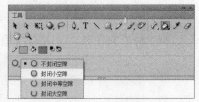

图1-17　工具箱

轴"面板，如图1-18所示。"时间轴"面板左侧为图层区，该区域用于控制和管理动画中的图层；右侧为时间轴区，该区域可实现不同的动画效果。其中，图层区主要包括图层、图层按钮、图层图标；时间轴区主要包括帧、标尺、播放指针、帧速率、多个按钮等。

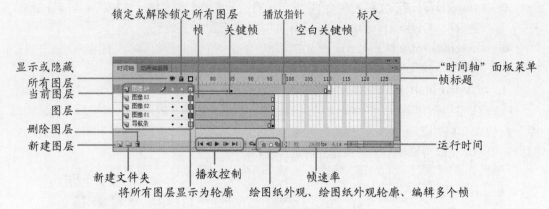

图1-18 "时间轴"面板

"时间轴"面板中各组成部分的含义和作用如下。

● **帧**：Flash动画最基础的组成部分，Flash动画播放时是以帧的排列从左向右依次切换，每个帧都存放于图层上。

● **空白关键帧**：要在帧中创建图像，必须新建空白关键帧，此类帧在时间轴上以空心圆点显示。

● **关键帧**：在空白关键帧中添加元素后，空白关键帧将被转换为关键帧，此时空心圆点将转换为实心圆点。

● **帧标题**：位于时间轴顶部，用于提示帧编号，帮助用户快速定位帧位置。

● **播放指针**：用于标识当前的播放位置，用户可以随意地对其进行单击或拖曳操作。

● **标尺**：用于显示动画文档所包含的各元素的位置，以便更好地进行动画制作。

● **图层**：用于存放舞台中的元素，一个图层中可以放置一个或多个元素。

● **当前图层**：当前正在编辑的图层。

● **显示或隐藏所有图层**：单击图层列表上方的●按钮隐藏所有图层，此时所有图层中的所有元素都不会显示；再次单击该按钮将会显示所有图层中的所有元素。

● **锁定或解除锁定所有图层**：单击图层列表上方的●按钮锁定所有图层，所有图层中的所有元素都将不能被操作；再次单击该按钮将解锁所有图层。

● **将所有图层显示为轮廓**：每个图层名称的最右边都有色块，表示该图层元素的轮廓色，双击色块进入图层属性，可以更改轮廓颜色；单击图层列表上方的□按钮，所有图层中的元素都会显示轮廓色；再次单击该按钮，将会取消显示该轮廓色；显示图层轮廓色可以帮助用户更好地识别元素所在的图层。

● **新建图层**：单击□按钮，可新建一个图层。

● **新建文件夹**：单击□按钮，可新建一个文件夹，将相同属性和一个类别的图层放置在一个文件夹中可以方便用户编辑和管理图层。

● **删除**：单击●按钮，可删除选中的图层或文件夹。

● **播放控制**：控制动画的播放，从左到右依次为"转到第一帧"按钮◄、"后退一帧"按钮◄I、"播放"按钮►、"前进一帧"按钮I►和"转到最后一帧"按钮►I。

- **绘图纸外观、绘图纸外观轮廓、编辑多个帧：**用于在舞台中同时显示多个帧，一般用于编辑、查看有连续动作的动画。
- **帧速率：**用于设置和显示当前动画文档一秒播放的帧数，动作越细腻的动画需要的帧速率越高。
- **运行时间：**用于显示动画播放的时间，帧速率不同，相同帧运行时间也有所不同。
- **"时间轴"面板菜单：**单击 按钮，弹出的下拉列表中提供了关于"时间轴"面板显示设置的命令。

4. "库"面板

"库"面板用于存储和管理在Flash中创建的各种元件，同时它还用于存储和管理导入的文件，包括位图图像、声音文件和视频剪辑等。在使用"库"面板管理元件前，需要了解"库"面板的结构。选择【窗口】/【库】菜单命令，或按【Ctrl+L】组合键，打开"库"面板，如图1-19所示。"库"面板中各组成部分的含义和作用如下。

- **文档列表：**用于显示当前库所属的文档。单击其后的 按钮，在弹出的下拉列表中可选择已在Flash中打开的文档。
- **项目列表：**用于显示该文档中包含的所有元素，包含插图、元件、音频等。
- **项目预览区：**当在"库"面板中选择项目后，在该预览区中即可显示该项目的预览图。若选择的项目是视频或音频，在预览区右上角将出现 按钮，单击该按钮可播放对应内容。
- **统计与搜索：**该区域左边用于显示"库"面板中包含多少个项目，若"库"面板中的项目太多，可通过右边的搜索栏查找。

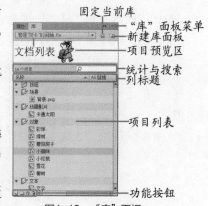

图1-19　"库"面板

- **"库"面板菜单：**单击"库"面板菜单按钮 ，弹出的下拉列表中包含所有和库相关的操作，如新建、删除、编辑等。
- **新建库面板：**当"库"面板中的项目太多时，为了方便调用元件，可单击"新建库面板"按钮 ，同时打开多个"库"面板，显示其中的内容。
- **固定当前库：**单击"固定当前库"按钮 ，即可将当前库固定，"库"面板中的项目不会因为文档的改变而改变，常用于同系列Flash动画中相同元素的引用。
- **列标题：**其中显示了"名称""AS链接""使用次数""修改日期""类型"等项目相关的信息；默认情况下只显示"名称"和"AS链接"，若想查看其他信息，滚动"库"面板下方的水平滑块即可。
- **功能按钮：**包含与"库"面板相关的常见操作，从左到右依次为"新建元件"按钮 ，单击该按钮可创建新元件；"新建文件夹"按钮 ，单击该按钮可新建一个文件夹，将相同属性的项目放在同一个文件夹中更容易管理；"属性"按钮 ，选择一个元件后，单击该按钮，在打开的对话框中可完成修改属性的相关操作；"删除"按钮 ，单击该按钮可删除选中的项目。

5. 其他面板

除了"时间轴"面板，Flash CS6还为用户提供了众多人性化的操作面板，常用的面板包括

"属性"面板、"颜色"面板、"样本"面板、"动画编辑器"面板等，下面分别进行介绍。

● **"属性"面板**：非常实用而又特殊的面板，常用于设置绘制对象或其他元素（如帧）的属性。"属性"面板没有特定的参数选项，它会随着所选工具的不同出现不同的参数，图1-20所示为选择"铅笔工具"后的"属性"面板。

图1-20 选择"铅笔工具"后的"属性"面板

● **"颜色"和"样本"面板**：绘制图像的重要部分，主要用于设置笔触颜色和填充颜色，以及显示样本。"颜色"和"样本"面板如图1-21所示。

 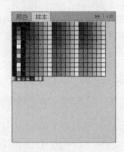

图1-21 "颜色"和"样本"面板

● **"动画编辑器"面板**：在此可查看动画文档中的补间属性和属性关键帧，并对其属性进行修改，以精确调整补间动画，获得更流畅的动画效果。

6. 场景和舞台

Flash场景包括舞台、标签等内容。图像的制作、编辑和动画的制作都必须在场景中进行，且一个动画可以包含多个场景。舞台是场景中最主要的部分，动画只能在舞台上展示，通过文档属性可以设置帧速率、舞台大小和背景颜色，如图1-22所示。

图1-22 场景和舞台

（三）帧速率（fps）及其设置技巧

帧速率指动画播放的速度，以每秒播放的帧数为度量。帧速率的设置直接影响动画播放的效果，如播放流畅或时断时续。动画种类不同，其播放的速率要求也不同，如赛车游戏需要高速率，因此帧速率要高；相反，一个老人走路的动画需要低速率，因此帧速率要低。选择合适的帧速率是制作优质Flash动画的前提。

（四）认识调整工具

在Flash CS6中，可以使用调整工具对舞台中的对象进行变形等操作，以达到一些特殊的效果。调整工具包括"任意变形工具""选择工具"和"变形"面板，下面分别对其进行介绍。

1. 任意变形工具

工具箱中的"任意变形工具"是一个用于控制对象变形的工具，该工具最大的优点是在调整对象时，能直观地看到对象变化的效果，用它可以对选择的图像进行旋转、倾斜、缩放、翻转、扭曲和封套等操作，其相关知识介绍如下。

- **旋转**：使用"任意变形工具"选择图像，将鼠标指针移动到图像四周的任意一个控制点上，当鼠标指针变为↻形状时，按住鼠标左键不放并拖曳即可旋转图像，如图1-23所示。
- **倾斜**：使用"任意变形工具"选择图像，将鼠标指针移动到需要倾斜图像的水平或垂直边缘上，当鼠标指针变为⇔或形状时，按住鼠标左键不放并拖曳即可倾斜图像，如图1-24所示。

图1-23　旋转图像　　　　　　　　图1-24　倾斜图像

- **缩放**：使用"任意变形工具"选择图像，将鼠标指针移动到要缩放图像四周的任意一个控制点上，当鼠标指针变为↖形状时，按住鼠标左键不放并拖曳即可缩放图像，如图1-25所示。
- **翻转**：使用"任意变形工具"选择图像，将鼠标指针移动到图像水平或垂直平面的任意一个控制点上，当鼠标指针变为↔或↕形状时，按住鼠标左键不放并拖曳鼠标指针至另一侧即可翻转图像，如图1-26所示。

图1-25　缩放图像　　　　　　　　图1-26　翻转图像

- **扭曲**：若要扭曲图像，则该图像不能是位图或群组的图像，只能是分离后的图像或矢量图，使用"任意变形工具"选择要扭曲的图像，在工具箱的"选项"区域中选择"扭曲"工具，然后将鼠标指针移动到图像四周的任意一个控制点上，当鼠标指针变为◁形状时，按住鼠标左键不放并拖曳即可扭曲图像，如图1-27所示。

● **封套**：封套功能只能用于分离的图像或矢量图，使用"任意变形工具" ⬚ 选择要封套的图像，在工具箱的"选项"区域中选择"封套"工具 ⬚ ，此时，图像四周将出现更多的控制点，将鼠标指针移动到图像的任意一个控制点上，当鼠标指针变为◁形状时，按住鼠标左键不放并拖曳即可封套图像。封套可以任意扭曲图像的形状，如图1-28所示。

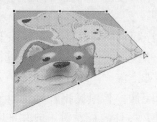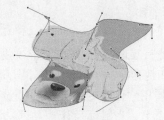

图1-27 扭曲图像　　　　　图1-28 封套图像

2. 选择工具

"选择工具"除了可以选择对象外，还能对笔触进行拖曳调整，其调整方法为：选择"选择工具"，将鼠标指针移动至笔触的边缘，当鼠标指针变为 ⬚ 形状时，拖曳鼠标即可改变笔触。图1-29所示为拖曳鼠标指针调整笔触，改变五角星的形状后得到的花朵效果。

在笔触的转折处、两头或笔触相交处，都会有一个锚点。选择"选择工具"后，将鼠标指针移动至锚点上，当鼠标指针变为 ⬚ 形状时，拖曳鼠标指针即可移动锚点，同时移动与该锚点连接的笔触。图1-30所示为拖曳锚点改变五角星的形状而得到的效果。

图1-29 拖曳调整笔触　　　　　图1-30 拖曳锚点

3. "变形"面板

"变形"面板用于调整对象的形状，如大小、旋转角度、倾斜角度、3D旋转和3D中心点等。选择【窗口】/【变形】菜单命令，在打开的"变形"面板中单击"约束"按钮 ⬚ ，使其变为 ⬚ 形状，表示不再对图像的高、宽比进行约束，然后在"缩放宽度"和"缩放高度"数值框中输入数值。选中"旋转"单选项，在其下方的数值框中输入数值，使图像按数值进行旋转，单击"重置选区和变形"按钮 ⬚ ，使图像按照之前设置的大小和旋转角度进行变形，连续单击4次"重置选区和变形"按钮 ⬚ ，完成变形，效果如图1-31所示。

图1-31 变形图像

三、任务实施

（一）导入素材文件

下面启动Flash CS6，设置画布大小，然后将所有素材导入"库"面板中，其具体操作如下。

（1）启动Flash CS6，选择【文件】/【新建】菜单命令，在打开的"新建文档"对话框中设置"宽"的值为"550像素"、高的值为"400像素"，单击 确定 按钮，如图1-32所示。

（2）选择【文件】/【导入】/【导入到库】菜单命令，在打开的"导入到库"对话框中选择"童趣"文件夹中的所有文件，单击 打开(O) 按钮，如图1-33所示。

微课视频

导入素材文件

图1-32 新建文档　　　　图1-33 导入文件

（二）制作"童趣"场景

下面将导入的素材移动至舞台中，然后对图像进行缩放、旋转等操作，其具体操作如下。

（1）按【Ctrl+L】组合键，打开"库"面板，选择"背景.jpg"图像，按住鼠标左键不放将其拖曳到舞台中，如图1-34所示。

（2）用"任意变形工具" 选择图像，然后将鼠标指针移动到图像左上角，当鼠标指针变为 形状时，按住【Shift】键向右下方拖曳鼠标指针，将图像同比例缩放到与舞台一样大，如图1-35所示。

微课视频

制作"童趣"场景

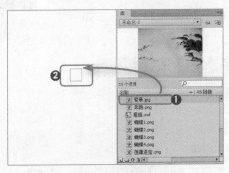

图1-34 添加背景　　　　图1-35 缩放图像

（3）锁定"图层1"，然后单击"新建图层"按钮 新建"图层2"，如图1-36所示。

（4）在"库"面板中选择"奔跑.png"图像并将其拖曳到"图层2"的舞台上，用"任意变形工具" 选择图像，将鼠标指针移动到图像右下角，当鼠标指针变为 形状时，拖曳鼠标指针旋转图像，如图1-37所示。

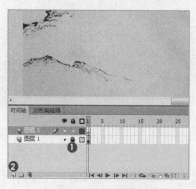

图1-36　新建图层

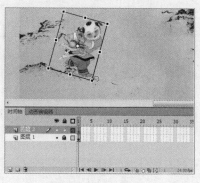

图1-37　旋转图像

（5）使用相同的方法将其他的孩童图像移动到舞台上，对其进行缩放，并将其拖曳到合适的位置，效果如图1-38所示。

图1-38　布局多个孩童图像

（三）制作动画

下面将使用导入的图像制作逐帧动画，增加场景的动态效果，其具体操作如下。

微课视频

制作动画

（1）在"时间轴"面板中"图层1"的第20帧处单击，然后按【F5】键插入帧，用相同的方法在"图层2"的第20帧处插入帧，如图1-39所示。

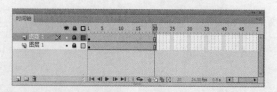

图1-39　插入帧

（2）新建"图层3"，在"库"面板中选择"蝴蝶1.png"图像并将其拖曳到舞台上，然后调整图像的大小和位置，如图1-40所示。

（3）在"图层3"的第3帧处按【F7】键插入空白关键帧，然后在"库"面板中选择"蝴蝶

2.png"图像并拖曳到舞台上，调整其大小和位置。

（4）用相同的方法分别将"蝴蝶3.png""蝴蝶4.png"图像放置在"图层3"的第5帧和第7帧处，并调整其大小和位置，如图1-41所示。

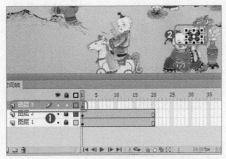

图1-40　新建图层并添加图像

图1-41　添加图像

（5）在"图层3"中单击第1帧，并按住【Shift】键在第6帧处单击，选择多个帧，然后单击鼠标右键，在弹出的快捷菜单中选择"复制帧"命令复制帧，如图1-42所示。

（6）在第8帧处单击鼠标右键，在弹出的快捷菜单中选择"粘贴帧"命令粘贴帧，然后选择第8~13帧，单击鼠标右键，在弹出的快捷菜单中选择"翻转帧"命令翻转帧，效果如图1-43所示。

图1-42　复制帧

图1-43　翻转帧

（7）新建"图层4"，在"库"面板中分别选择"蜻蜓.swf"和"翅膀.swf"元件并将其拖曳到舞台中，调整到合适的位置，用"任意变形工具" 旋转翅膀方向，用"选择工具" 选择翅膀，按住【Ctrl】键不放并拖曳鼠标复制一个翅膀，然后选择【修改】/【变形】/【垂直旋转】菜单命令旋转翅膀，并将其调整到合适位置，如图1-44所示。

（8）按【Ctrl+S】组合键保存文件，然后按【Ctrl+Enter】组合键进行预览，效果如图1-45所示。

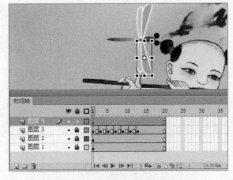

图1-44　制作蜻蜓动画

图1-45　预览效果

实训一 打开Flash文件并发布

【实训要求】

某客户发送了一个内嵌视频的Flash动画，要求将其添加到客户公司的网站首页。

【实训思路】

由于客户发送的是Flash源文件（扩展名为.fla），因此必须使用Flash CS6将其打开，然后发布为网页中可用的Flash动画（扩展名为.swf）。本实训的参考效果如图1-46所示。

素材所在位置 素材文件\项目一\实训一\网站首页.fla
效果所在位置 效果文件\项目一\实训一\wangzhan.html

效果文件

网站首页

图1-46 发布Flash视频动画

【步骤提示】

（1）启动Flash CS6并打开Flash文件。

（2）选择【文件】/【另存为】菜单命令，将文件名称修改为英文，如"wangzhan.fla"。

（3）按【Ctrl+Enter】组合键测试Flash动画，查看是否有需要修改的地方。

（4）确认无须修改后，选择【文件】/【发布预览】/【HTML】菜单命令进行发布，生成"wangzhan.html"和"wangzhan.swf"文件。

微课视频

打开Flash文件并发布

（5）使用Dreamweaver或记事本软件打开HTML文档"wangzhan.html"，将在网页中添加Flash动画的代码（<div id="flashContent">到</div>之间的代码）复制到客户公司网站的网页代码中。需要注意的是，Flash动画文件"wangzhan.swf"的位置如果在上传到客户公司网站服务器后发生了变化，则需要修改网页中"wangzhan.swf"文件的路径，否则将无法查看Flash动画的效果。

实训二　排列图像对象的顺序

【实训要求】

　　排列提供的素材中的两个图像的顺序，排列效果如图1-47所示。

【实训思路】

　　本实训将在打开的Flash文档中，使用菜单命令调整选择的实例在舞台中的重叠顺序，然后使用"变形"面板调整实例的方向。

素材所在位置　素材文件\项目一\实训二\草丛.fla
效果所在位置　效果文件\项目一\实训二\草丛.fla

效果文件

草丛

图1-47　排列效果

【步骤提示】

（1）启动Flash CS6，打开"草丛.fla"动画文档，即可看见场景中"蝴蝶"图像位于"树藤"图像的后方，部分被遮挡，如图1-48所示。

（2）使用"选择工具"▶选择位于前面的"树藤"图像，然后选择【修改】/【排列】/【下移一层】菜单命令，将其向下移动一层，使"蝴蝶"图像不再被遮挡。

微课视频

排列图像对象的顺序

（3）选择"蝴蝶"图像，按【Ctrl+T】组合键，打开"变形"面板，在"变形"面板中选中"旋转"单选项，在其下方的数值框中输入"45"，使选择对象按照顺时针方向旋转45°，效果如图1-49所示。

图1-48　打开动画文档

图1-49　旋转图像

常见疑难问题解析

问：用Flash CS6打开低版本制作的动画文档时，为什么保存时会打开一个兼容性对话框？

答：这是因为Flash CS6检测到动画文档版本低于当前版本，所以打开该对话框提示用户升级当前动画文档的版本。通常情况下应选择升级版本，如果该动画文档还需用低版本进行编辑，则建议另存修改的动画文档，否则修改后的动画文档将无法用低版本的Flash打开。

问：在编辑对象时，如果想对已经群组的对象再次单独进行编辑，应该怎么办？

答：只需要执行取消群组的操作，其方法为选择已经群组的对象，按【Ctrl+Shift+G】组合键，或选择【修改】/【取消群组】菜单命令。

问：想将多个对象缩放成一样的大小，但使用"任意变形工具"进行缩放不太精确，有什么方法可以进行精确缩放吗？

答：打开"变形"面板，选择要缩放的图像，再对"变形"面板的"缩放高度"和"缩放宽度"的值进行设置。

问：如果要将常用的舞台尺寸和背景颜色应用到每一个新建的动画文档，该如何操作？

答：将其设置为Flash CS6的默认值。其方法为：在"文档设置"对话框中分别设置要应用的舞台尺寸和背景颜色，然后单击 设为默认值(M) 按钮，如图1-50所示。

问：欢迎屏幕不见了，怎么恢复？

答：在欢迎屏幕中进行文档的创建与打开非常方便，但有时可能因某些原因关闭了欢迎屏幕，此时选择【编辑】/【首选参数】菜单命令，在打开的"首选参数"对话框中选择"常规"选项，再在右侧的"启动时"下拉列表框中选择"欢迎屏幕"选项，即可恢复欢迎屏幕，如图1-51所示。

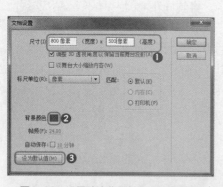

图1-50 设置默认背景颜色及舞台尺寸

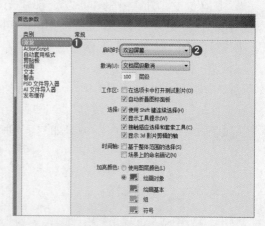

图1-51 设置启动时显示欢迎屏幕

问：Flash CS6的操作界面被调乱了，如何恢复？

答：有时用户可能因某些原因对Flash CS6的操作界面进行了调整，导致使用不方便，此时可将操作界面恢复为Flash CS6的默认界面。如要恢复默认的"基本功能"操作界面，其方法为：在Flash CS6操作界面顶部单击 基本功能 按钮，在弹出的下拉列表中选中"重置'基本功能'"复选框，如图1-52所示。

图1-52 恢复操作界面

拓展知识

1. 安装Flash CS6的方法

要使用Flash CS6进行动画制作，需要先安装Flash CS6。安装Flash CS6之前需要准备Flash CS6的安装光盘，或者从网上下载Flash CS6的安装文件。安装Flash的方法与安装普通应用程序相同，双击Setup.exe文件启动Flash CS6安装程序，并根据安装程序提示进行相应的操作即可，其中主要的操作是设置安装路径，一般安装在非系统盘（如D盘）中。需要注意的是，在安装Flash CS6时需要对安装环境进行检测，如果安装时打开了IE浏览器或Adobe产品，可根据提示关闭这些打开的程序后再重新安装。

2. Flash的行业前景

Flash简单易学，最初用于零散地制作一些项目，如今它已成为中低端动画产品的主要制作工具。Flash行业的发展前景广阔，但目前国内Flash动画制作人才极其缺乏，专门培训Flash动画制作专业人才的机构也很少，不利于动画产业的发展。即便如此，Flash动画仍是网络行业的一大亮点，并且手机技术的日益发展也为Flash动画的传播提供了技术保障，Flash动画的诸多优势也为许多产业带来了巨大的商业利润。

3. 将动画文档设置为模板文件

将动画文档设置为模板文件的方法为：打开要制作为模板的动画文档，选择【文件】/【另存为模板】菜单命令，在打开的"另存为模板"对话框中，设置模板的名称、类别、描述等属性，再单击 保存 按钮即可，如图1-53所示。

图1-53 "另存为模板"对话框

课后练习

本练习将使用Flash CS6对舞台的大小和色块进行设置，具体设置要求如下。

● 启动Flash CS6，在打开的"欢迎屏幕"界面的"打开最近的项目"栏中单击 按钮，在打开的"打开"对话框中选择"草莓.fla"文档，如图1-54所示。

● 打开文档后，单击文档中的图片，此时可以在"属性"面板的"位置和大小"栏中查看该图片的宽和高，分别为"459像素"和"288像素"，如图1-55所示。

图1-54 打开文档

图1-55 查看图片属性

● 单击舞台，此时可在"属性"面板的"属性"栏中看到舞台的"大小"为默认的"550像素×400像素"，将其修改为与图片相同的"459像素×288像素"，使舞台的大小与图片的大小相同，如图1-56所示。

● 单击舞台"属性"面板"属性"栏中"舞台"后面的色块，在弹出的颜色列表中选择"黄色"选项，改变舞台背景颜色，如图1-57所示。

图1-56 修改舞台大小

图1-57 修改舞台背景颜色

● 选择【文件】/【保存】菜单命令，保存文档。

素材所在位置 素材文件\项目一\课后练习\草莓.fla
效果所在位置 效果文件\项目一\课后练习\草莓.fla

项目二
绘制与编辑图形

情景导入

    米拉用"铅笔工具"在Flash CS6中画了弯弯曲曲的线条，老洪看到后便问："你在画什么呀？"米拉说她在画圆。老洪又看了看，说："天啦！你怎么用'铅笔工具'画圆？看来你得先从工具的使用方法学起啦，在Flash CS6中熟练应用工具，可以画出非常漂亮的图形，这是制作动画的基础。"

学习目标

- 掌握绘图工具的使用方法。
  如用矩形工具、椭圆工具、多角星形工具等创建规则形状的方法，用"线条工具""铅笔工具""钢笔工具"等创建不规则形状的方法。

- 掌握填充工具的使用方法。
  如"颜料桶工具""墨水瓶工具"的使用方法等。

- 掌握文本工具的使用方法。
  如设置文本样式、滤镜特效、字符属性、容器和流属性，以及创建竖排文本、添加分栏文本、认识元件和实例等。

案例展示

▲ "卡通羊"图形

▲ "荷塘月色"图形

任务一 绘制"卡通羊"

卡通动物的形象受很多人喜欢，因为它给人一种可爱的感觉。本任务将绘制一个"卡通羊"的Flash动画形象，其中涉及几何绘图工具和自由绘图工具的使用方法。下面具体讲解制作方法。

一、任务目标

本任务将使用钢笔工具、铅笔工具等绘制一只卡通羊并为其填充颜色。通过绘制，用户可进一步掌握绘图工具的使用方法。本任务完成后的效果如图2-1所示。

 效果所在位置 效果文件\项目二\任务一\绘制卡通羊.fla

效果文件

"卡通羊"效果

图2-1 "卡通羊"效果

二、相关知识

在绘制图形前，需要了解鼠绘的相关知识，并初步学习各绘图工具的使用方法，下面分别介绍。

（一）了解鼠绘

鼠绘是指在计算机上用鼠标控制相关绘图工具绘制图形。与纸绘的不同之处在于，鼠绘具有可修改性、可组合性与可移动性。纸绘是手和笔的结合，而鼠绘则是手、鼠标、绘图工具三者的结合。

1. 为什么要学习鼠绘

在制作任何动画之前，必须要有对象（如小球），然后才能对对象进行相应的动画制作（如飘到空中），因此，制作动画的第一步就是绘制对象。没有对象，动画就无从谈起，所以，学习鼠绘是必须经历的过程。

> **知识
> 提示**
>
> ### Flash动画的组成
>
> Flash 动画主要分为脚本（ActionScript）与鼠绘两大部分。使用脚本可以做一些特效，而网络上流行的 Flash 动画并不全是由脚本制作的，大多数漂亮的、视觉冲击力强的 Flash 短片、MTV 等都是以鼠绘方式制作的。

2. 如何学习鼠绘

如何学习鼠绘是鼠绘初学者最关心的问题，下面介绍一些学习鼠绘的方法与技巧。

● **多观察**：许多初学者学习鼠绘时最先面临的问题是画得不像，特别是做练习时，由于某些图形没有指定尺寸，画起来就会束手无策，这就要求我们在生活中养成善于观察的习惯，要善于观察周围的物体，观察其形状、颜色并建立起感性的认识。

● **多观摩**：网上的Flash研讨区有许多鼠绘作品，初学者在观看时不妨细心些，从中能学到很多经验。

● **多临摹**：临摹鼠绘作品是鼠绘快速入门的可取捷径，也是没有绘画基础的初学者学习鼠绘的一个重要方法。在进行鼠绘练习时，不妨先到网上下载几张有参考价值的图片进行临摹。临摹时注意从中积累线条、物体形状的正确表达方法及着色等方面的经验。

● **多练习**：这是解决画得不像、不好的唯一途径。正所谓熟能生巧，许多鼠绘技巧都是在大量练习过程中掌握的。不要满足于课堂上所学的几个实例，有时间不妨从身边简单的物体画起，在成功的喜悦中培养学习鼠绘的兴趣，由浅入深，循序渐进，会使鼠绘水平与日俱增。

● **充分运用软件功能**：Flash CS6给用户提供了许多工具，如"选择工具""直线工具""钢笔工具""铅笔工具""椭圆工具""矩形工具""橡皮擦工具""调色板"等，让鼠绘变得更加方便，因此学会运用这些工具也是一个很重要的学习鼠绘的方法。

（二）几何绘图工具

在绘制矩形、椭圆和多角星形等图形时，用户可以使用 Flash CS6 提供的几何绘图工具，这些工具被放置在一个工具组中，单击并按住"矩形工具" ▭ 不放，在弹出的下拉列表中即可选择其他工具，下面分别介绍这些工具进行。

1. "矩形工具"

"矩形工具"和"基本矩形工具"都可用于绘制矩形，"矩形工具"不但可以设置笔触大小和样式，还可以通过设置边角半径来修改矩形的形状。下面讲解使用"矩形工具"和"基本矩形工具"绘制各种不同矩形的方法。

● **基本绘制**：在工具箱中选择"矩形工具" ▭，在舞台上拖曳鼠标指针绘制出矩形；按住【Shift】键的同时拖曳鼠标指针可绘制正方形，如图2-2所示。

● **绘制圆角矩形**：选择"矩形工具" ▭ 后，在"属性"面板中设置"矩形边角半径"为正值，可以绘制出圆角矩形，如图2-3所示。

图2-2　绘制正方形

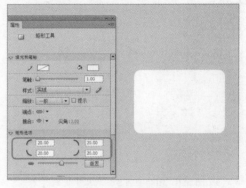

图2-3　绘制圆角矩形

● **绘制边角半径不同的圆角矩形**：选择"矩形工具"□后，在"属性"面板中单击"将边角半径控件锁定为一个控件"按钮 ∞，其他3个"矩形边角半径"数值框被激活，即可设置4个边角半径的值，如图2-4所示。

● **绘制矩形对象**：选择"基本矩形工具"□，在舞台上拖曳鼠标指针绘制出矩形后，在"属性"面板中可以设置矩形的位置和大小，如图2-5所示。

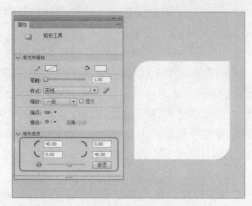

图2-4　绘制边角半径不同的圆角矩形　　　　　图2-5　绘制矩形对象

> **知识提示**
>
> ### 矩形和矩形对象的区别
>
> 在 Flash CS6 中，矩形可以根据需要调整任意边的形状，而矩形对象只能按矩形绘制时设置的规则的 4 条边统一调整图形效果。

2. "椭圆工具"

"椭圆工具"和"基本椭圆工具"都可用于绘制椭圆。它与"矩形工具"类似，不同之处在于"椭圆工具"的属性包括角度和内径。下面讲解使用"椭圆工具"和"基本椭圆工具"绘制各种不同椭圆的方法。

● **基本绘制**：在工具箱中选择"椭圆工具" ○，在舞台上拖曳鼠标指针绘制椭圆；若在按住【Shift】键的同时拖曳鼠标指针可以绘制圆形，如图2-6所示。

● **绘制未闭合的圆**：选择"椭圆工具" ○后，在"属性"面板中可以设置"开始角度"和"结束角度"，设置完成后拖曳鼠标指针即可进行绘制，如图2-7所示。

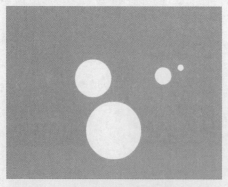

图2-6　绘制圆形　　　　　　　　　图2-7　设置角度

● **绘制空心圆**：选择"椭圆工具" ○，在"属性"面板中设置"内径"值，设置完成后拖曳鼠标即可绘制空心圆，如图2-8所示。

● **绘制椭圆对象**：使用"基本椭圆工具"  可以绘制椭圆对象。椭圆对象有内径控制
点和外径控制点，如图2-9所示。

图2-8 设置内径   图2-9 绘制椭圆对象

**多学
一招**

调整椭圆

　　用鼠标可以调整椭圆的内径大小和开始角度。方法是：选择"选择工具"后，
将鼠标指针定位到内径控制点上并拖曳，可以调整内径大小；定位到外径控制点上
并拖曳，可以调整椭圆角度。

3. "多角星形工具"

　　"多角星形工具"用于绘制几何多边形和星形，并可以设置图形的边数及星形顶点的大
小。下面讲解使用"多角星形工具"绘制不同的多角星形的方法。

● **绘制五边形**：选择"多角星形工具" ◘ ，将鼠标指针移动到舞台中，按住鼠标左键
不放并拖曳，可绘制出五边形，如图2-10所示。

● **绘制多边形**：选择"多角星形工具" ◘ ，在"属性"面板中单击 选项... 按钮，打
开"工具设置"对话框，在"边数"数值框中输入要绘制多边形的边数，单击 确定
按钮后，在舞台中按住鼠标左键不放并拖曳，可绘制出多边形，如图2-11所示。

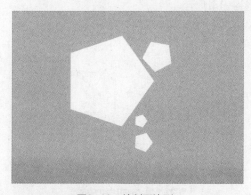

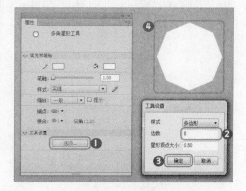

图2-10 绘制五边形   图2-11 绘制多边形

● **绘制五角星**：选择"多角星形工具" ◘ ，在"属性"面板中单击 选项... 按钮，打开
"工具设置"对话框，在"样式"下拉列表框中选择"星形"选项，然后设置"边数"
和"星形顶点大小"，完成后单击 确定 按钮，再在舞台中按住鼠标左键不放并拖曳，

可绘制出五角星，如图2-12所示。

图2-12　绘制五角星

（三）自由绘图工具

使用几何绘图工具只能绘制出简单的几何形状。在实际动画制作中，用户需要绘制自由的线条，再将这些线条组成满足需求的形状。Flash提供了功能强大的自由绘图工具，包括"线条工具""铅笔工具""钢笔工具"和"刷子工具"，使用这些工具可以绘制各种矢量图形，不过在此之前需要对路径、方向线和方向点等知识进行了解。下面讲解这些绘图工具的使用方法。

1．路径

在Flash中绘制图形或形状时，都将出现线条，这种线条被称为路径。在Flash中，路径都是由多条直线或曲线组成的。路径可以是闭合或开放的。虽然路径是自由绘制的，但它们都有明显的起点和终点，并且路径上改变线条形状的位置都有锚点。锚点有两种：角点和平滑点。角点出现在线条变化很急的位置，平滑点出现在线条平缓变化的位置。图2-13所示为Flash动画中常见的两种路径。

路径的轮廓被称为笔触，使用不同的笔触绘制路径可以使路径看起来不同。笔触具有粗细、颜色和样式等属性，用户在绘制完图形或形状后，可以对其粗细、颜色和样式进行设置。

2．方向线和方向点

用户在选择路径上的锚点时会发现，锚点上连接着一条或者两条直线。这些直线被称为方向线，根据路径的形状不同，方向线的角度和长短也会有所不同。方向线的尽头是方向点，用于控制、调整方向线的长短和角度，如图2-14所示。

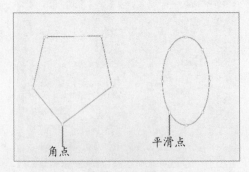

图2-13　路径

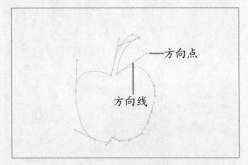

图2-14　方向线和方向点

在路径中，角点可能没有方向线，角点的方向线使用不同角度来保持其角度为锐角，角点的方向线主要取决于是否连接曲线，若没有连接曲线就不会出现方向线。平滑点始终拥有两条方向线，可以一起作为单个直线单位移动。

3. "线条工具"

"线条工具"主要用于绘制直线，还可在"属性"面板设置直线的样式。使用"线条工具"的方法：在工具箱中选择"线条工具"，在"属性"面板中设置颜色、笔触和样式，然后在舞台上按住鼠标左键不放并拖曳一段距离，即可绘制出直线。

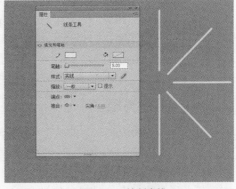

若需要绘制特殊角度的直线，只需在选择"线条工具"后，再按住【Shift】键，在舞台中向左或向右拖曳可以绘制水平线段；向上或向下拖曳可以绘制垂直线段；向斜上方或斜下方拖曳可以绘制与水平方向呈45°的斜线，如图2-15所示。

图2-15　绘制直线

4. "铅笔工具"

"铅笔工具"用于绘制线条和形状，它与"直线工具"一样，在"属性"面板中可以改变线条颜色、粗细和样式。在舞台中按住鼠标左键不放并拖曳，可以绘制线条；按住【Shift】键的同时拖曳鼠标可以绘制出直线。与"线条工具"不同的是，选择"铅笔工具"后，在工具箱下方的"选项"区域会出现3种绘制模式，如图2-16所示。选择不同的绘制模式，绘制出的线条会出现不同的效果。

- **伸直模式**：在"选项"区域选择"伸直"选项，可以将绘制的曲线转角线条调整为直角转角线条。

- **平滑模式**：在"选项"区域选择"平滑"选项，绘制完线条后，Flash会自动将线条调整为平滑的曲线。

图2-16　"铅笔工具"的绘制模式

- **墨水模式**：在"选项"区域选择"墨水"选项，绘制的线条完全保持绘制时的形状不变，Flash不会进行任何调整。

5. "钢笔工具"

"钢笔工具"是以贝塞尔曲线的方式绘制和编辑图形的，主要用于绘制精确的路径，如直线或平滑流畅的曲线。在使用"钢笔工具"绘制线条时，"钢笔工具"会出现不同的绘制状态。下面分别对各状态进行介绍。

- **起始锚点指针 ♦ₓ**：选择"钢笔工具" ♦ 后的鼠标指针状态，指示在舞台中单击将创建起始锚点，是新路径的开始（所有新路径都以起始锚点开始）。

- **连续锚点指针 ♦**：指示下一次单击时将创建一个锚点，并用一条直线与前一个锚点相连接。

- **添加锚点指针 ♦₊**：指示下一次单击时将在现有路径上添加一个锚点。若要添加锚点，必须先选择路径，并且"钢笔工具"不能位于现有锚点的上方。

- **删除锚点指针 ♦₋**：指示下一次在现有路径上单击时将删除一个锚点。若要删除锚点，必须先用"选择工具"选择路径，并且鼠标指针必须位于要删除的锚点的上方。

- **连续路径指针 ♦**：指示从现有锚点扩展新路径。若要激活此指针，鼠标指针必须位于路径上现有锚点的上方。仅在当前未绘制路径时，此指针才可用。

- **闭合路径指针 ♦₀**：指示在当前绘制的路径的起始锚点处闭合路径。只能闭合当前正在绘制的路径，并且现有锚点必须是同一个路径的起始锚点。

- **回缩贝塞尔手柄指针 ♦**：当鼠标指针位于显示贝塞尔手柄的锚点上方时此指针才会

显示。单击可回缩贝塞尔手柄，并使得穿过锚点的弯曲路径恢复为直线。

● **转换锚点指针 N：** 指示将不带方向线的角点转换为带有独立方向线的角点。若要启用转换锚点指针，可以按【Shift+C】组合键。

● **连接路径指针 ⸵：** 指示除了鼠标指针不能位于同一个路径的起始锚点上方外，其他绘制状态与闭合路径指针基本相同，该指针必须位于唯一路径的任意一个端点上方。

三、任务实施

（一）绘制轮廓

卡通羊的轮廓是由曲线组成的，并不是规则的几何图形，此时可使用"钢笔工具"进行绘制；皮球是一个圆形，可以使用"椭圆工具"进行绘制。下面绘制皮球与卡通羊的轮廓，其具体操作如下。

微课视频

绘制轮廓

（1）启动Flash CS6，选择【文件】/【新建】菜单命令，在打开的"新建文档"对话框中，选择文件类型为"ActionScript 3.0"，设置"宽"为"800像素"、高为"600像素"，单击"背景颜色"右侧的色块，在弹出的颜色选项列表中选择"#FFCC99"选项，单击 确定 按钮，如图2-17所示。

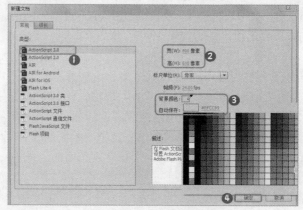

图2-17 新建文档

（2）在工具箱中选择"椭圆工具" ⬭，设置"笔触颜色"为"#000000"，"填充颜色"为"#99CC00"，然后在舞台中按住【Shift】键的同时按住鼠标左键不放并拖曳绘制圆形，如图2-18所示。

（3）选择"钢笔工具" ✎，在舞台中单击创建起始锚点，将鼠标指针移动到另一位置单击，按住鼠标左键不放并拖曳绘制出曲线，如图2-19所示。

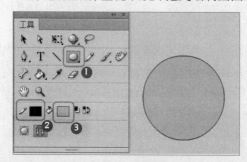

图2-18 绘制圆形

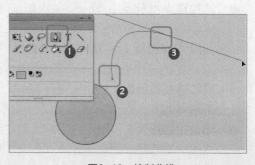

图2-19 绘制曲线

（4）将鼠标指针移动到其他位置处单击并拖曳，创建不同的曲线，用相同的方法连续绘制曲线，以绘制卡通羊的头部轮廓，如图2-20所示。

（5）使用相同的方法在头部上部分的位置绘制卡通羊角轮廓和耳朵轮廓，效果如图2-21所示。

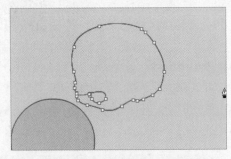

图2-20　绘制卡通羊的头部轮廓　　　　　　　图2-21　绘制羊角和耳朵

（6）选择"铅笔工具"，设置"铅笔模式"为"平滑"，在卡通羊的面部位置拖曳鼠标指针绘制出眼睛轮廓，选择"椭圆工具"，设置"填充颜色"为"#FFCCCC"，按住【Shift】键的同时拖曳绘制一个圆作为腮红，如图2-22所示。

（7）选择"选择工具"，将鼠标指针移动到后脑处单击选择线条，按【Delete】键删除，然后将鼠标指针移动到粉色轮廓上，当鼠标指针变成形状时按住鼠标左键并拖曳调整曲线形状。再用相同的方法调整耳朵轮廓，如图2-23所示。

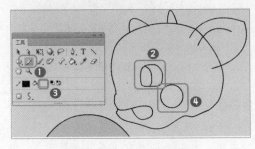

图2-22　绘制面部　　　　　　　　　　　　图2-23　调整轮廓

（8）选择"钢笔工具"，用步骤（3）和步骤（4）中的方法绘制卡通羊的身体轮廓，效果如图2-24所示。

（9）选择"选择工具"，用步骤（7）中的方法调整卡通羊的身体轮廓，效果如图2-25所示。

图2-24　绘制身体轮廓　　　　　　　　　　图2-25　调整身体轮廓

（二）填充颜色

卡通动画图形一般具有丰富的颜色，在Flash CS6中可以使用"颜料桶工具"为图形填充不同的颜色，使图形更加生动，其具体操作如下。

微课视频

填充颜色

（1）在工具箱中选择"颜料桶工具" ，设置"填充颜色"为"#FFFFFF"，将鼠标指针移动到卡通羊的头部轮廓区域内单击填充头部颜色，如图2-26所示。

（2）用相同的方法填充卡通羊角的颜色为"#666633"，舌头的颜色为"#FF6699"，眼睛的颜色为"#000000"和"#9999CC"，手臂的颜色为"#FFFFFF"，衣服的颜色为"#009966"，鞋子的颜色为"#666633"和"#333333"，最终效果如图2-27所示。

图2-26　填充头部颜色

图2-27　填充颜色后的效果

知识提示

闭合路径

　　绘制轮廓后一定要保证该路径是闭合状态，这样方便进行颜色填充。若要闭合路径，可在绘制完最后一个锚点后将"钢笔工具"定位在第1个空心锚点上，当位置正确时，鼠标指针会变为 形状，单击或拖曳即可闭合路径。

任务二　为"荷塘月色"场景上色

　　万物都有色彩，丰富的颜色让这个世界更美丽。本任务将使用"颜料桶工具"和"颜色"面板为"荷塘月色"场景上色，让"荷塘月色"场景变得绚丽多彩。

一、任务目标

　　本任务将为"荷塘月色"场景上色，在制作动画时根据场景的不同，可选择不同的上色工具进行上色。通过本任务的学习，用户可以掌握上色工具的使用方法。本任务完成后的效果如图2-28所示。

素材所在位置 素材文件\项目二\任务二\荷塘月色.fla
效果所在位置 效果文件\项目二\任务二\为荷塘月色上色.fla

效果文件

"荷塘月色"场景

图2-28 为"荷塘月色"场景上色

二、相关知识

本任务中的上色操作主要通过"颜色"面板、"样本"面板、渐变填充、填充工具等来实现。下面先对这些工具的相关知识进行介绍。

（一）认识颜色

计算机的颜色采用RGB颜色模式，每种颜色有红、绿、蓝3种分量。每个颜色分量的取值范围为0~255，一共有256个值可供选择。计算机所能表示的颜色为256×256×256=16777216种，这也是16M色的由来。在Flash CS6中，与颜色相关的元素有RGB、Alpha、十六进制和颜色类型等。各元素的特点如下。

● **RGB**：RGB颜色模式由红、绿、蓝组成。红色的R、G、B值分别为255、0、0；绿色的R、G、B值分别为0、255、0；蓝色的R、G、B值分别为0、0、255。

● **Alpha**：Alpha可设置实心填充的不透明度和渐变填充的当前所选颜色的不透明度。如果Alpha值为0%，则创建的填充不可见（即透明）；如果Alpha值为100%，则创建的填充不透明。

● **十六进制**：十六进制数是颜色值的一种表示方式，是由字母和数字组合而成的，6位数代表一种颜色。如用00表示0，用FF表示255，这样，就可以用6位十六进制数表示一种颜色。如#FF0000表示红色。

● **颜色类型**：在Flash CS6中有5种颜色类型，包括删除颜色的无颜色、单一填充的纯色、产生一种沿线性轨道混合的线性渐变、产生从一个中心焦点出发沿环形轨道向外混合的径向渐变和位图填充。

（二）"颜色"面板

"颜色"面板允许修改调色板并更改笔触颜色和填充颜色。"颜色"面板中有"笔触颜色"按钮 ✎、"填充颜色"按钮 ◇、"颜色类型"下拉列表框、"RGB"栏、颜色设置区和颜色显示区等。选择【窗口】/【颜色】菜单命令，可以打开"颜色"面板，如图2-29所示。该面板中各部分的含义及作用如下。

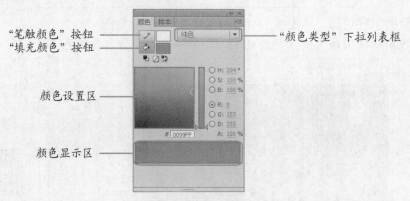

"笔触颜色"按钮

"填充颜色"按钮

颜色设置区

颜色显示区

"颜色类型"下拉列表框

图2-29 "颜色"面板

- **"笔触颜色"按钮** ：用于改变图形的笔触颜色。
- **"填充颜色"按钮** ：用于改变图形的填充颜色。
- **"黑白"按钮** ：单击该按钮，即可将笔触颜色和背景颜色设置为默认值（笔触颜色为黑色，背景颜色为白色）。
- **"无色"按钮** ：单击该按钮，可让选择的填充或笔触不使用任何颜色。
- **"交换颜色"按钮** ：单击该按钮，将交换笔触颜色和填充颜色。
- **"颜色类型"下拉列表框** ：在该下拉列表框中，用户可以设置笔触颜色和填充颜色的颜色填充方式。
- **颜色设置区** ：可在其中单击颜色来设置笔触颜色和填充颜色。
- **"HSB"栏** ：在该栏中选中某个单选项，再修改其右侧的数字，可以修改颜色，H、S、B分别对应色相、饱和度和亮度。
- **"RGB"栏** ：在该栏中选中某个单选项，再修改其右侧的数字，可以修改颜色，R、G、B分别对应红色、绿色和蓝色的颜色密度值。
- **"A"数值框** ：用于设置填充颜色的不透明度（Alpha）。
- **"#"数值框** ：该数值框用于设置颜色的十六进制值，在该数值框中输入颜色的十六进制值即可为当前笔触或填充设置对应的颜色。
- **颜色显示区** ：为笔触或填充设置好颜色后，该区域将呈现颜色预览效果。

在"颜色"面板中可以通过多种方式设置颜色，下面讲解两种常见的设置颜色的方法。

- **使用颜色选项列表** ：在"颜色"面板中单击"笔触颜色"按钮 右侧的色块或"填充颜色"按钮 右侧的色块，打开颜色选项列表，如图2-30所示，在其中单击一种颜色，即可选择该颜色。
- **使用颜色设置区** ：可以在"颜色"面板的颜色设置区中单击选择颜色，也可以拖曳颜色设置区旁边的滑条设置颜色，如图2-31所示。

**多学
一招**

使用"吸管工具"设置填充颜色

　　用户除了可以使用"颜色"和"样本"面板设置填充颜色外，还可以使用"吸管工具" 设置填充颜色。其方法为：在工具箱中选择"吸管工具" ，吸取要填充的颜色，再单击需要填充颜色的图形即可。

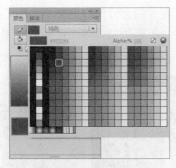 

图2-30　使用颜色选项列表　　　　图2-31　使用颜色设置区

（三）"样本"面板

在Flash中除了可以使用"颜色"面板为笔触和填充设置颜色外，还可以使用"样本"面板设置颜色。选择需要设置颜色的笔触或填充区域，再选择【窗口】/【样本】菜单命令，打开"样本"面板，如图2-32所示，在其中单击需要的色块即可应用当前选择的颜色。

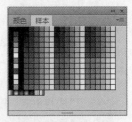

在默认情况下，"样本"面板中存储的是一些常用的颜色。若有特殊需要，还可以对"样本"面板进行添加、删除、编辑、复制等操作。其中，若要对"样本"面板进行编辑，可单击"样本"面板右上角的▼═按钮，在弹出的下拉列表中进行设置。该下拉列表中各选项的作用如下。

图2-32　"样本"面板

- **直接复制样本**：选择该选项，Flash会自动复制当前选择的颜色样本。
- **删除样本**：选择该选项，Flash会自动删除当前选择的颜色样本。
- **添加颜色**：选择该选项，打开"导入色样"对话框，在其中选择需要导入的颜色样式，可将选择的颜色导入"样本"面板中。
- **替换颜色**：选择该选项，打开"导入色样"对话框，在其中选择的颜色会替换"样本"面板中除默认颜色以外的所有颜色。
- **加载默认颜色**：选择该选项，将会使自定义后的"样本"面板恢复为默认的状态。
- **保存颜色**：选择该选项，打开"导出色样"对话框，可设置保存地址并将调色板导出。
- **保存为默认值**：选择该选项，当前"样本"面板的调色板将被指定为默认的调色板样式。
- **清除颜色**：选择该选项，"样本"面板中除黑色、白色和线性渐变以外的所有颜色将被删除。
- **Web 216色**：选择该选项，当前面板将被切换为Web安全调色板。使用该调色板中的颜色制作的动画在任何地方进行播放时，都能正常显示。
- **按颜色排序**：选择该选项，"样本"面板中的所有颜色会按色调重新排序。

（四）编辑渐变填充

使用普通的纯色填充图形，虽然能让图形的颜色丰富起来，但不能使其更有立体感。想使图形看起来更立体，可以使用渐变填充来实现。渐变填充是一个多色的填充方式，可以从一种颜色自然地过渡到另一种颜色。在Flash中有两种渐变填充方式，其特点和编辑方法如下。

1. 线性渐变

线性渐变是沿着一根轴线改变颜色的渐变效果，可以制作光线斜射到物体上的效果。线性渐变的编辑方法是：在"颜色"面板的"颜色类型"下拉列表框中选择"线性渐变"选项，如图2-33所示。此时，"颜色"面板中将显示用于设置线性渐变的选项，图2-34所示为在"颜色"面板中编辑和设置渐变色，并将渐变色应用到背景图形中的效果对比。线性渐变状态下，"颜色"面板特有选项的作用如下。

图2-33 选择"线性渐变"选项　　　　　　　　图2-34 线性渐变填充效果对比

效果文件
线性渐变填充
效果对比

- "流"选项：包含3个按钮，分别是扩展颜色、反射颜色和重复颜色，用于设置超出线性渐变限制范围的颜色覆盖方式。
- "线性RGB"复选框：选中该复选框，用户能创建可伸缩的矢量渐变图形。
- 渐变显示区域：在该区域中添加、减少、移动渐变滑块，可以编辑渐变的颜色。

2. 径向渐变

径向渐变是由一个中心点向外改变颜色的渐变效果，可以制作图形边缘有光晕的柔和效果。径向渐变的编辑方法是：在"颜色"面板的"颜色类型"下拉列表框中选择"径向渐变"选项，再在"颜色"面板中设置渐变效果，其设置方法和线性渐变相同，图2-35所示为使用径向渐变填充图形的效果。

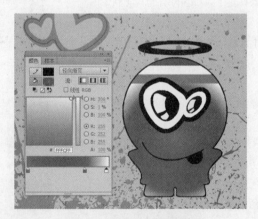

图2-35 径向渐变填充效果

（五）填充工具的使用

在Flash中，用户可以先选择需要填充的图形，再通过"颜色"面板和"样本"面板设置图形的颜色。但是若要对大量图形填充相同的颜色，一个一个地选择填充目标，再进行颜色设置会增加工作量。为了简化操作步骤，用户可使用Flash中自带的填充工具对图形进行填充。Flash中的填充工具有"颜料桶工具"和"墨水瓶工具"，下面分别讲解使用方法。

1. "颜料桶工具"

"颜料桶工具"用于设置图形的填充颜色，填充的图形区域通常是封闭区域，应用的颜色可以是无颜色、纯色、渐变色和位图颜色。在工具箱中选择"颜料桶工具" ，在"颜色"面板中选择颜色，然后将鼠标指针移动到图形区域，单击即可填充选择的颜色，如图2-36所示。

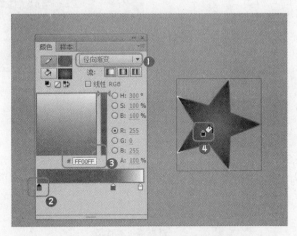

图2-36 用"颜料桶工具"填充颜色

在工具箱中选择"颜料桶工具"后，工具箱的"选项"区域会出现两个按钮，其作用如下。

- "空隙大小"按钮 ：用于设置外围矢量线缺口的大小对填充颜色时的影响程度，其中包括不封闭空隙、封闭小空隙、封闭中等空隙和封闭大空隙4种选项。
- "锁定填充"按钮 ：只能应用于渐变填充，单击该按钮后，不能再应用其他渐变填充，但渐变填充以外的填充不会受到任何影响。

2. "墨水瓶工具"

"墨水瓶工具"用于修改路径的颜色和属性，应用的颜色类型包括无颜色、纯色、线性渐变、径向渐变和位图填充5种。"墨水瓶工具"的填充方法与"颜料桶工具"类似。只需在工具箱中选择"墨水瓶工具"，单击"笔触颜色"右侧的色块，在弹出的颜色选项列表中设置颜色，然后在图形边缘或者矢量线上单击即可修改其颜色。

| 多学一招 | 修改路径颜色 |

选择"墨水瓶工具" ，在"属性"面板中设置"笔触颜色""笔触""样式"等属性后，在需要修改的矢量线上单击即可修改颜色。

三、任务实施

（一）填充背景

在实施本任务的过程中，背景里的天空、山峰、池塘都使用线性渐变色进行填充，其具体操作如下。

（1）启动Flash CS6，选择【文件】/【打开】菜单命令，打开"荷塘月色.fla"动画文档。设置文档的"背景颜色"为"#FFFFFF"，如图2-37所示。

微课视频

填充背景

（2）选择"颜料桶工具" 🪣 ，在"颜色"面板中选择"线性渐变"选项，设置滑块颜色为
"#0012DE"和"#FFE980"，在天空区域内按住鼠标左键不放并从上至下拖曳鼠标指
针填充渐变色，如图2-38所示。

图2-37　打开文档　　　　　　　　　　　　图2-38　填充天空

（3）设置滑块颜色为"#003300"和"#009900"的线性渐变色，并调整滑块的位置，在山
峰区域内单击为山峰填充颜色，如图2-39所示。

> **知识提示**
>
> ### 填充天空颜色
>
> 　　由于画面是有月光的夜晚，因此在填充天空时，上方需要填充深蓝色，地面附近可以填充为浅色，实现光亮效果。

（4）设置滑块颜色为"#001281"和"#007EDB"的线性渐变色，并调整滑块的位置，在倒
影区域内单击为倒影填充颜色，如图2-40所示。

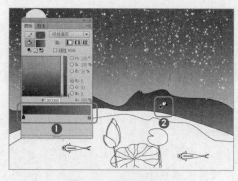

图2-39　填充山峰　　　　　　　　　　　　图2-40　填充倒影

（5）设置滑块颜色为"#000066"和"#007ED8"的线性渐变色，并调整滑块的位置，在池
塘区域内单击为池塘填充颜色，如图2-41所示。

（6）双击"鱼"对象打开编辑窗口，将"鱼"填充为线性渐变效果，并设置滑块颜色分别为
"#FF3317""#FFCC66""#AIECBF"。如图2-42所示。使用相同的方法渐变填充荷花，
并设置滑块颜色为"#FFC6A8"和"#CC728A"的线性渐变色。

图2-41　填充池塘

图2-42　填充鱼和荷花

（二）填充月亮和荷叶

下面将用径向渐变方式填充月亮和荷叶，其具体操作如下。

微课视频

填充月亮和荷叶

（1）在"颜色"面板中选择"径向渐变"选项，设置滑块颜色为"#003300"和"#00B63A"的径向渐变色，单击荷叶和枝干为其填充颜色，如图2-43所示。

（2）设置滑块颜色为"#FFFF99"和"#A8ECF3"的径向渐变色，Alpha值为"100%"，单击月亮为其填充颜色，如图2-44所示。

图2-43　填充荷叶和枝干

图2-44　填充月亮

（3）使用"选择工具" ➤ 双击荷叶对象打开编辑窗口，选择"颜料桶工具" ◇，在"颜色"面板中选择"线性渐变"设置滑块颜色为"#00B63A""#008C2E""#83EE8A"，填充荷叶脉络线条，如图2-45所示。

图2-45　填充荷叶脉络

任务三　制作"科技节"海报

海报能吸引人的眼球，达到宣传的效果，并通过其文本内容传达出需要表达的信息。本任务将制作"科技节"海报，在制作过程中应注意文本工具的使用和文本颜色的搭配，使文本能更好地表达其主题。

一、任务目标

本任务将制作一张"科技节"海报，制作内容主要包括输入文本并对文本样式进行设置。通过本任务的学习，用户可以学会使用"文本工具"输入文本，以及对输入的文本进行美化设置。本任务完成后的效果如图2-46所示。

素材所在位置　素材文件\项目二\任务三\科技节.fla
效果所在位置　效果文件\项目二\任务三\"科技节"海报.fla

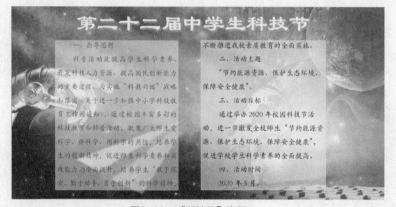

效果文件

"科技节"海报

图2-46　"科技节"海报

二、相关知识

本任务主要通过"文本工具"完成，下面先对这些相关工具的使用方法进行介绍。

（一）文本工具

"文本工具"主要用于输入和设置动画中的文本。如果只需要输入简单的文本，可以选择工具箱中的"文本工具"，在场景中需要输入文本的地方单击，将会出现一个文本的插入点，然后直接输入文本即可。

（二）设置文本样式

输入文本时，如果需要改变文本的设置，可在其"属性"面板中对各个属性进行相应的修改，图2-47所示为"文本工具"的"属性"面板。

对"文本工具"的"属性"面板中的各选项的含义如下。

- **"文本引擎"下拉列表框**：可以选择文本输入时所使用的文本引擎，除了"传统文本"引擎外，Flash CS6还增添了一个"TLF文本"引擎，如图2-48所示，这种引擎比"传统文本"引擎拥有更强的功能。

图2-47　文本工具的"属性"面板

- **"文本类型"下拉列表框**：可选择创建文本的类型，有静态文本、动态文本和输入文本3种，如图2-49所示。其中静态文本为不能动态更新字符的文本；动态文本为可动态更新的文本，如日期、时间或天气报告等；输入文本则会创建一个表单，并允许使用者将文本输入表单中。

图2-48 文本引擎

图2-49 文本类型

- **"改变文本方向"按钮** ：单击该按钮，可在弹出的下拉列表中设置文本的方向，有"水平""垂直""垂直，从左向右"3个选项。
- **"系列"下拉列表框**：在该下拉列表框中可选择文本的字体类型，其中选项的多少根据计算机中安装的字体数量而定。
- **"样式"下拉列表框**：部分字体有多种样式，当选择有多种样式的字体时，才可使用该选项。
- **嵌入...按钮**：单击该按钮，可以设置将字体嵌入Flash动画中，这是为了避免同一个Flash动画在不同的计算机中因为字体安装不同而导致播放效果不同。
- **"格式"栏**：用于设置文本的对齐方式，主要包含左对齐、居中对齐、右对齐和两端对齐4种方式。
- **"间距"和"边距"栏**：用于设置文本的间距和边距，可在栏中对应的数值框中直接输入间距和边距大小。

（三）滤镜特效

在文本工具的"属性"面板中设置了不同的选项后，在场景中输入文本，此时"属性"面板将出现"滤镜"栏，在"滤镜"栏中可以为文本添加不同的效果。

单击该栏左下角的"添加滤镜"按钮 ，然后在弹出的下拉列表中选择需要的滤镜效果，最后再对添加的滤镜进行设置，即可为输入的文本添加滤镜。同样的文本使用不同的滤镜将会有不同的效果，而每一种滤镜都有单独的设置选项，下面分别进行介绍。

- **"投影"滤镜**：可以模拟对象向一个表面投影的效果。使用该滤镜可以分别调整投影的模糊值、强度、品质、角度、距离、挖空、内阴影、隐藏对象和颜色等属性，如图2-50所示。
- **"模糊"滤镜**：可以柔化对象的边缘和细节，使其变得模糊。使用该滤镜可以调整模糊值及品质，如图2-51所示。

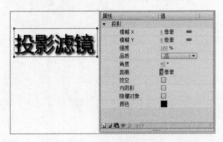

图2-50 "投影"滤镜

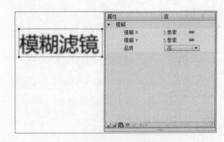

图2-51 "模糊"滤镜

- **"发光"滤镜**：可以为对象的整个边缘应用颜色，对于制作霓虹灯效果非常有用。

使用该滤镜可以调整发光的模糊程度及发光的颜色，如图2-52所示。

● **"斜角"滤镜**：可以为对象应用加亮的效果，使其看起来凸显于背景表面。该滤镜的"类型"下拉列表框中包含内侧、外侧、全部3个选项，分别用于创建内斜角、外斜角或完全斜角，如图2-53所示。

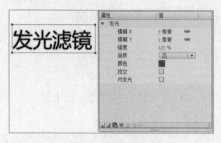

图2-52 "发光"滤镜

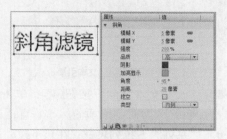

图2-53 "斜角"滤镜

● **"渐变发光"滤镜**：可在对象表面产生带渐变颜色的发光效果。"渐变发光"滤镜要求选择一种颜色作为渐变开始的颜色，所选颜色的Alpha值为"0"，且颜色位置无法移动，但可改变其颜色，如图2-54所示。

● **"渐变斜角"滤镜**：可产生一种类似于浮雕的效果，使对象看起来像是从背景上凸起来的，且斜角表面有渐变颜色。其设置与"渐变发光"滤镜类似，如图2-55所示。

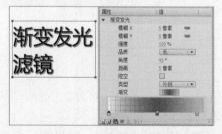

图2-54 "渐变发光"滤镜

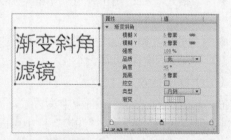

图2-55 "渐变斜角"滤镜

● **"调整颜色"滤镜**：可分别调整亮度、对比度、饱和度和色相，根据这几个值的数值不同，其颜色将会发生多种变化，如图2-56所示。

使用滤镜时，如果一个滤镜不能达到满意的效果，还可以将多个滤镜同时作用于一个文本，使其拥有更丰富的效果，图2-57所示为同时添加4个滤镜的效果。

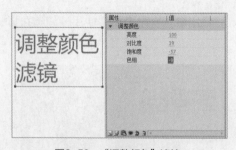

图2-56 "调整颜色"滤镜

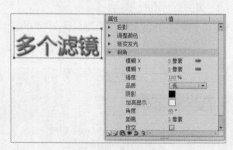

图2-57 多个滤镜

（四）设置字符属性

在使用"TLF文本"引擎的过程中，如果需要对文本进行修改，同样可以在文本工具的"属性"面板中进行。

在"属性"面板中对输入的TLF文本进行属性的设置，其方法与设置传统文本相似，只是TLF文本拥有更多的设置选项。当在场景中插入TLF文本容器，并处于输入状态时，只能在"属性"面板中进行字符、高级字符、段落、高级段落、容器和流的相应设置，如图2-58所示；当TLF文本输入完成后，使用"选择工具" 选择容器，可以进行位置和大小、3D定位和查看、字符、高级字符、段落、高级段落、容器和流、色彩效果、显示、滤镜等设置，如图2-59所示。

图2-58　输入状态

图2-59　输入完成后的状态

（五）"容器和流"属性

与传统文本相比，TLF文本除了拥有更多的设置选项外，在输入文字时，其容器本身就与传统文本有所不同，其中最重要的一个属性便是"容器和流"。

"容器和流"包含多个设置项目，如行为、填充、区域设置等，如图2-60所示。各设置选项分别如下。

图2-60　"容器和流"属性设置栏

- **"行为"下拉列表框**：单击该下拉列表框，可在弹出的下拉列表中选择"单行""多行""多行不换行"3个选项，其中单行指文本只能为单行；多行指文本到了容器边缘时会自动换行；多行不换行指文本到了容器边缘不会自动换行，需要手动换行。

- **对齐方式**：指容器内文本的对齐方式，包括"将文本与容器顶部对齐""将文本与容器中心对齐""将文本与容器底部对齐""两端对齐容器内的文本"。

- **列**：指定容器中文本的列数，通常用于分栏排版，其默认值是"1"，最大值是"10"；当输入多列文本时，其每列文本之间的间距的默认值是"20"，最大值是"200"。

- **填充**：用于设置文本和容器之间的边距，此外，还可以设置该容器的边框颜色及背景颜色。

（六）创建竖排文本

竖排文本样式经常运用于海报、广告、古诗词和传单等内容的制作中。创建竖排文本的方法：在"文本工具"的"属性"面板中单击"改变文本方向"按钮 ，然后在弹出的下拉列表框中选择"垂直"选项，如图2-61所示；再创建容器并输入文本，输入的文本便会呈竖排显示效果，如图2-62所示。

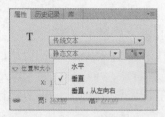

图2-61 选择"垂直"选项

图2-62 文本竖排显示效果

> **知识提示**
>
> **传统文本中的竖排文本**
>
> 使用"传统文本"和"TLF文本"引擎都能创建竖排文本。在传统文本中，只有使用"静态文本"类型才能创建竖排文本。在"改变文本方向"下拉列表中，若选择"垂直，从左向右"选项，则文本依然以竖排显示，但文本内容的方向则为从左向右。

（七）添加分栏文本

除了竖排文本，很多传单、报告等还会使用分栏文本。使用分栏文本的方法为：选择"文本引擎"为"TLF文本"，在场景中绘制一个容器并输入文本，完成后再在"属性"面板"容器和流"栏的"列"中设置分栏数目和分栏间距，如图2-63所示。完成后的分栏文本效果如图2-64所示。

图2-63 设置分栏数目和间距

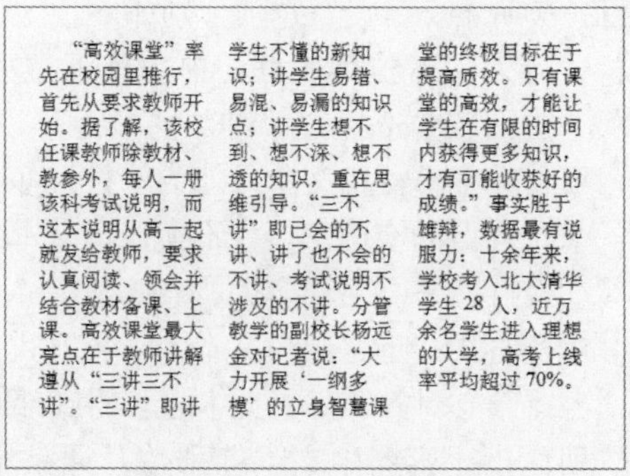

图2-64 分栏文本效果

（八）认识元件和实例

在Flash动画中，元件和实例的应用非常广泛，它们是Flash动画不可缺少的重要部分。认识并使用元件和实例能简化Flash动画的内部结构，让Flash动画的后期编辑变得更为轻松。

1. 元件

元件是指在Flash中创建且保存在库中的图形、按钮或影片剪辑。元件可以在整个文档或其他文档中重复使用，也可以包含从其他应用程序中导入的图形。

在创作或运行Flash动画时，用户可以将元件作为共享库资源在文档之间共享。对于运行时共享的资源，可以把源文档中的资源链接到任意数量的目标文档中，而无须将这些资源导入目标文档；对于创作时共享的资源，还可以用本地网络上可用的其他任何元件更新或替换一个元件，便于批量管理素材。

元件可以分为图形元件、影片剪辑元件和按钮元件3种类型。

● **图形元件**：通常用于静态图形，可用来创建链接到主时间轴的可重复使用的动画片段。图形元件与主时间轴同步运行。交互式控件和声音在图形元件的动画序列中不起作用。由于没有时间轴，图形元件在FLA文件中的尺寸小于按钮元件或影片剪辑元件。

● **影片剪辑元件**：可以创建可重复使用的动画片段。影片剪辑元件拥有各自独立于主时间轴的多帧时间轴，可将多帧时间轴看作嵌套在主时间轴内。其包含交互式控件、声音，甚至其他影片剪辑实例。

● **按钮元件**：可以创建用于响应鼠标单击、滑过或其他动作的交互式按钮。在ActionScript 3.0中可以定义与按钮关联的图形，然后将动作指定给该按钮实例。

2. 实例

实例是指位于舞台上或嵌套在另一个元件内的元件副本。实例可以与其父级元件在颜色、大小和功能方面有差别。创建元件后，可以在文档的任何位置使用该元件的实例，如放置在舞台上，或嵌套在别的元件中。当编辑元件时，会更新其所有实例，但若对元件的一个实例应用效果，则只更新该实例。

在文档中使用元件可以显著减小文档的大小，保存一个元件的几个实例比保存该元件内容的多个副本占用的存储空间小。同时，使用元件还可以加快SWF文件的播放速度，因为元件只需下载一次到Flash Player（播放器）中。

三、任务实施

（一）创建背景

在进行制作前需要创建文档，导入素材，创建动画背景，其具体操作如下。

微课视频

创建背景

（1）新建一个尺寸为"840像素×420像素"的空白文档。将"科技节"文件夹中的所有图形都导入"库"面板，从"库"面板中将"背景"元件移动到舞台中作为背景。从"库"面板中将"纸飞机"移动到舞台中，用"任意变形工具" ⊞ 调整图形的大小，然后按【F8】键，在打开的"转换为元件"对话框中设置"名称""类型"分别为"飞机""影片剪辑"，然后单击 确定 按钮将图形转换为影片剪辑元件，如图2-65所示。

（2）使用"选择工具" ▶ 选择"飞机"实例，在"属性"面板的左下角单击"添加滤镜"按钮 ▣，在弹出的下拉列表中选择"模糊"选项，并设置模糊参数，如图2-66所示。

图2-65　设置元件属性

图2-66　添加"模糊"滤镜

（二）输入并设置文本

下面进行文本的输入，然后对字符样式和段落样式进行设置，其具体操作如下。

（1）新建"图层2"，选择"文本工具"**T**，打开"属性"面板，在其中设置"文本引擎""系列""大小""颜色"分别为"传统文本""隶书""48点""#FFFFFF"，在舞台中输入文本，如图2-67所示。

（2）按两次【Ctrl+B】组合键分离文本，选择"墨水瓶工具"，在"属性"面板中设置"笔触颜色"为"#FFFF99"，然后分别在文本区域中单击文字填充文字边缘，效果如图2-68所示。

微课视频

输入并设置文本

图2-67　输入文本　　　　　　　　　　　　　　　　图2-68　填充文本

（3）使用"选择工具"选择所有文本，按【F8】键，在打开的"转换为元件"对话框中设置"名称""类型"分别为"文字""影片剪辑"，然后在"属性"面板的左下角单击"添加滤镜"按钮，在弹出的下拉列表中选择"投影"选项，并设置投影参数，其中颜色为"#FF9999"，如图2-69所示。

（4）选择"文本工具"**T**，打开"属性"面板，在其中设置"文本引擎""笔触颜色""填充颜色"分别为"TLF文本""#FFFF99""#FFFFCC"，其中"填充颜色"的Alpha值为"60%"，然后在舞台中拖曳鼠标指针绘制一个文本容器，效果如图2-70所示。

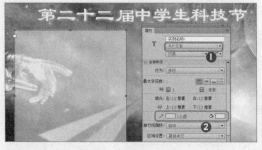

图2-69　添加"投影"滤镜　　　　　　　　　　　　　图2-70　绘制文本容器

（5）在"字符"选项中设置"系列""大小""行距""颜色"分别为"华文楷体""16点""30""#000000"，然后输入文本，如图2-71所示。

（6）将鼠标指针移动到容器右下角田处单击，然后移动鼠标指针到容器右上角位置单击，创建上一个容器的容器流，多余的文本将自动填充到容器流中，然后选择容器流，在"属性"面板中的"容器和流"选项中设置"文本引擎""笔触颜色""填充颜色"分别为"TLF文本""#FFFF99""#FFFFCC"，其中"填充颜色"的Alpha值为"60%"，效果如图2-72所示。

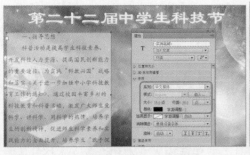
图2-71　输入文本

图2-72　创建容器流

实训一　绘制风景场景

【实训要求】

本实训要制作一个Flash动画课件。需要在Flash绘制一个风景场景，要求场景简洁大方，颜色丰富。其完成后的效果如图2-73所示。

【实训思路】

本实训主要使用"钢笔工具"进行物体轮廓的绘制，使用"油漆桶工具"进行内容颜色的填充，然后使用"Deco工具"进行装点。

效果文件

风景场景

图2-73　绘制风景场景

 效果所在位置　效果文件\项目二\实训一\绘制风景.fla

【步骤提示】

（1）新建一个舞台大小为"650像素×400像素"的空白文档，选择"钢笔工具"，在舞台中绘制各部分的轮廓。

（2）选择"颜料桶工具"，在"选项"区域中选择"封闭大空隙"模式，设置填充颜色为"#FD7113"和"#D5FCAD"的线性渐变色，然后分别为草地、山峰和云朵填充相应的颜色。

（3）设置填充颜色为"#D2FAB8"和"#EE9209"的径向渐变色，填

微课视频

绘制风景场景

充太阳，用"选择工具" 选择轮廓线条并按【Delete】键删除。

（4）选择"Deco工具" ，在"属性"面板中的"绘制效果"下拉列表框中选择"花刷子"，然后在舞台中单击绘制花。

实训二　制作"音乐节"海报

【实训要求】

本实训将制作一张"音乐节"海报。在制作时主要包括输入文本和设置文本格式等操作。本实训效果如图2-74所示。

效果文件
"音乐节"海报

图2-74　"音乐节"海报

【实训思路】

本实训操作较简单，先使用"文本工具"输入文本，再对输入的文本进行美化设置。

素材所在位置　素材文件\项目二\实训二\音乐节
效果所在位置　效果文件\项目二\实训二\制作音乐节海报.fla

【步骤提示】

（1）新建文档，将"音乐节"文件夹下的素材图像导入"库"面板中，使用导入的图像制作背景。

（2）使用"文本工具" T 输入文本，然后设置段落样式，并旋转文本。

（3）添加文本，按【Ctrl+B】组合键分离文本，用位图填充文本。

（4）制作文本逐帧变化的动画效果影片剪辑元件。

微课视频
制作"音乐节"海报

常见疑难问题解析

问：为什么有时无法使用"颜料桶工具"进行填充？

答：默认情况下，使用"颜料桶工具"进行填充时要求填充区域是封闭的，如果要填充的区域未封闭，则无法使用"颜料桶工具"进行填充。此时可放大图形，检查并修复填充区域，使其变为全封闭区域，或者在工具箱底部单击 ○ 按钮，在弹出的下拉列表中选择"封闭小空隙"选项、"封闭中等空隙"选项或"封闭大空隙"选项，然后再使用"颜料桶工具"进行填充。

问：使用"钢笔工具"绘制曲线后无法绘制直线怎么办？

答：使用"钢笔工具"绘制曲线后，继续绘制时默认也是绘制曲线。若要绘制直线，需要先单击末端锚点使其转换为直线锚点，然后再进行绘制，如图2-75所示。

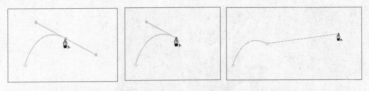

图2-75　用"钢笔工具"绘制曲线后绘制直线

问：使用"钢笔工具"绘制对象另一部分时，自动与前一部分连接起来了该怎么处理？

答：使用"钢笔工具"绘制对象时，如果两个部分是不相连的，则绘制好第一部分时，应按【Esc】键退出绘制，然后在其他位置进行绘制，如图2-76所示。

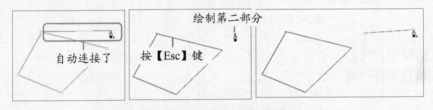

图2-76　绘制多个不相连的部分

问：图形元件和影片剪辑元件有什么区别？

答：图形元件和影片剪辑元件都可以保存图形和动画，并可以嵌套图形或动画片段。但是，图形元件比影片剪辑元件文件小；图形元件中的动画必须依赖于主场景中的时间帧同步运行，而影片剪辑元件中的动画则不同，它可以独立运行。具体表现为：交互式控件和声音在图形元件的动画序列中不起作用，在影片剪辑元件中则起作用；可以将影片剪辑实例放在按钮元件的时间轴内，以创建动画按钮，而图形元件则不行；可以为影片剪辑元件定义实例名称，ActionScript可以通过实例名称对影片剪辑进行调用或改编，而图形元件则不能；在影片剪辑元件中可以添加ActionScript脚本，而图形元件则不能添加。

拓展知识

1. 原位置粘贴

选择对象并复制后，按【Ctrl+Shift+B】组合键可以进行原位置粘贴，即粘贴的对象与原对象在同一位置。

2. "Deco工具"

"Deco工具"是Flash CS6中一种类似"喷涂刷"的填充工具，使用"Deco工具"可以快速完成大量相同元素的绘制，也可以用它制作出很多复杂的动画效果。将其与图形元件和影片剪辑元件配合，可以制作出效果更加丰富的动画效果。具体操作将在项目六中讲解。

3. 成比例缩放对象

使用"任意变形工具"选择对象后，在按住【Shift】键的同时，将鼠标指针移动到选框的任意一个角上，按住鼠标左键不放进行拖曳，即可成比例缩放对象，且被缩放的对象不会变形。

课后练习

（1）绘制飞鸽，并填充颜色，完成后的效果如图2-77所示。

图2-77　绘制飞鸽

 素材所在位置　素材文件\项目二\课后练习\飞鸽.fla
效果所在位置　效果文件\项目二\课后练习\绘制飞鸽.fla

（2）新建舞台大小为"550像素×400像素"的空白文档，导入素材图形，使用"文本工具"添加文本并设置文本样式，完成后的效果如图2-78所示。

图2-78　制作电子小报

 素材所在位置　素材文件\项目二\课后练习\垃圾分类.jpg
效果所在位置　效果文件\项目二\课后练习\制作电子小报.fla

项目三
制作Flash基本动画

情景导入

　　米拉问老洪："公司要制作一个15秒的产品展播动画，并要求用一些动态图片进行切换，在Flash CS6中该怎么做呀？"老洪回答道："用补间动画就可以实现这样的动画效果。"老洪还告诉米拉，Flash CS6中的补间动画分为补间动画、传统补间动画和补间形状动画，此外还有逐帧动画。

学习目标

- 掌握逐帧动画、补间形状动画的特点和效果。
  如逐帧动画、补间形状动画。
- 掌握补间动画、传统补间动画的特点和效果。
  如传统补间动画和补间动画的优点和区别等。

- 掌握时间轴和动画编辑器。
  如动画在"时间轴"面板中的标识、使用"动画编辑器"面板对动画效果进行编辑等。

案例展示

▲ "妙笔花开"动画

▲ "蜻蜓点水"动画

任务一　制作飘散文字效果

　　飘散文字效果主要通过对图层和帧的操作来实现，然后结合文字滤镜效果，使制作的动态文字比静态的文字更生动，更具有活力。

一、任务目标

　　本任务将新建一个空白动画文档，导入背景并为图层重命名，在其中输入文本并将其分离到各图层，然后操作各图层中的帧来制作飘散文字效果。本任务完成后的效果如图3-1所示。

素材所在位置　素材文件\项目三\任务一\飘散文字背景.jpg
效果所在位置　效果文件\项目三\任务一\飘散文字动画.fla

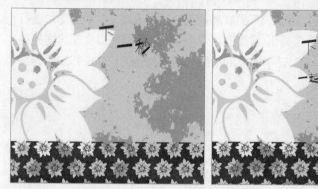

图3-1　飘散文字效果

二、相关知识

　　在进行制作前，需要掌握帧的编辑和图层的运用，下面分别对这些知识进行介绍。

（一）帧的编辑

　　时间轴中使用帧来组织和控制文档的内容。用户在时间轴中放置帧的顺序将决定帧内对象在最终动画中的显示顺序，所以帧的编辑很大程度也影响着动画的最终效果。下面详细讲解一些常见的编辑帧的方法。

1. 选择帧

　　在对帧进行编辑前，用户需要选择帧，图3-2所示框选的区域为通过鼠标选择的帧。为了更加容易编辑，Flash CS6提供了多种选择方法，下面分别进行介绍。

- 若要选择一个帧，可以单击该帧。
- 若要选择多个连续的帧，可在按住【Shift】键的同时分别单击需要选择的多个连续帧中的开头帧与结尾帧。
- 若要选择多个不连续的帧，可在按住【Ctrl】键的同时单击其他需要选择的帧。
- 若要选择所有帧，可以选择【编辑】/【时间轴】/【选择所有帧】菜单命令。
- 若要选择整个静态帧范围，可双击两个关键帧之间的帧。

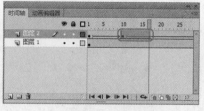

图3-2　选择帧

2. 插入帧

为了满足制作Flash动画的需要，用户可以自行选择插入不同类型的帧。下面讲解插入帧常见的3种方法。

● 若要插入新帧，可选择【插入】/【时间轴】/【帧】菜单命令或按【F5】键。

● 若要插入关键帧，可选择【插入】/【时间轴】/【关键帧】菜单命令或按【F6】键。

● 若要插入空白关键帧，可选择【插入】/【时间轴】/【空白关键帧】菜单命令或按【F7】键。

3. 复制、粘贴帧

在制作动画时，根据实际情况有时需要复制帧、粘贴帧。若只需要复制一帧，在按住【Alt】键的同时按住鼠标左键并将该帧拖曳到需要粘贴的位置即可；若要复制多帧，则可以在选择帧后，单击鼠标右键，在弹出的快捷菜单中选择"复制帧"命令，选择需要粘贴的位置后，单击鼠标右键，在弹出的快捷菜单中选择"粘贴帧"命令，如图3-3所示。

图3-3　复制与粘贴帧

4. 删除帧

对于不再使用的帧，用户可以将其删除。删除帧的方法是：选择需要删除的帧，单击鼠标右键，在弹出的快捷菜单中选择"删除帧"命令，或按【Shift+F5】组合键，如图3-4所示。

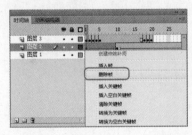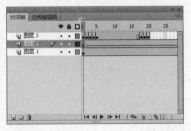

图3-4　删除帧

> **多学一招**
>
> **清除帧**
>
> 若不想删除帧，只想清除帧中的内容，可通过"清除帧"命令来实现。其方法是：选择需要清除内容的帧，单击鼠标右键，在弹出的快捷菜单中选择"清除帧"命令。

5. 移动帧

在编辑Flash动画时，可能会遇到因为帧顺序不对，而需要通过移动帧来解决该问题的情况。移动帧的方法是：选择关键帧或含关键帧的序列，然后按住鼠标左键并将其拖曳到目标位置，如图3-5所示。

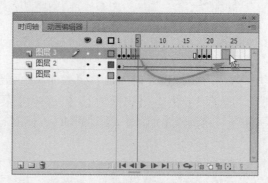

图3-5　移动帧

6. 转换帧

在Flash CS6中，用户可以对不同的帧类型进行转换，而不需要删除帧之后再重建帧。转换帧的方法为：在需要转换的帧上单击鼠标右键，在弹出的快捷菜单中选择"转换为关键帧"或"转换为空白关键帧"命令，如图3-6所示。

此外，若想将关键帧、空白关键帧转换为帧，可选择需转换的帧，单击鼠标右键，在弹出的快捷菜单中选择"清除关键帧"命令。

7. 翻转帧

在制作一些特效时，用户需要执行"翻转帧"命令，将前面的帧内容翻转到后面帧的位置。翻转帧的方法为：选择含关键帧的帧序列，单击鼠标右键，在弹出的快捷菜单中选择"翻转帧"命令，即可将该序列的帧顺序进行翻转，如图3-7所示。

图3-6　转换帧

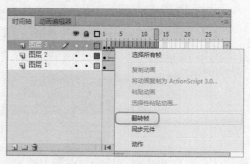

图3-7　翻转帧

（二）图层的运用

图层就像堆叠在一起的多张幻灯片，每一个图层都包含了在舞台中显示的不同图像。使用图层可以帮助用户组织文档中的插图、动画的其他元素，也可以在图层上绘制和编辑对象，而不会影响其他图层上的对象。如果某一图层没有内容，则在舞台区域中可以透过该图层看到下面图层中的内容。

要绘制、涂色或对图层和文件夹进行修改时，可以在"时间轴"面板中选择该图层或文件夹以激活。"时间轴"面板中显示了图层或文件夹名称，而旁边有铅笔图标表示该图层或文件夹处于活动状态。在"时间轴"面板中同一时间只能有一个图层或文件夹处于活动状态。

1. 创建、使用和组织图层

创建Flash文件时，该文件中仅包含一个图层。若要在文件中添加插图、动画和其他元素，则需要添加更多的图层。创建的图层数量只受计算机内存的限制，而且图层增加不会影响发布的SWF文件的大小。

要组织和管理图层，可以创建文件夹，然后将图层放入其中。在"时间轴"面板中展开或折叠文件夹不会影响在舞台中显示的内容。下面分别介绍创建、使用和组织图层的一些操作方法。

● **创建图层**：单击"时间轴"面板底部的"新建图层"按钮 ，或在任意图层上单击鼠标右键，在弹出的快捷菜单中选择"插入图层"命令可创建图层。创建一个图层之后，该图层将出现在所选图层的上方，如图3-8所示。新添加的图层将成为当前图层。

● **选择图层**：在"时间轴"面板中，单击图层的名称可直接选择图层；在按住【Shift】键的同时单击任意两个图层，可选择两个图层之间的所有图层；在按住【Ctrl】键的同时分别单击不同图层，可选择多个不相邻的图层，图3-9所示为选择多个不相邻的图层。

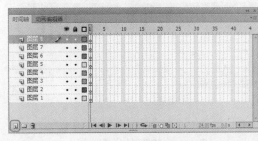
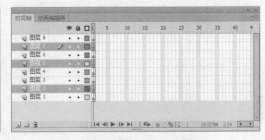

图3-8　创建图层　　　　　　　　　　图3-9　选择多个不相邻的图层

● **重命名图层**：双击图层名称，当图层名称处于可编辑状态时输入新名称；也可在需要重命名的图层上单击鼠标右键，在弹出的快捷菜单中选择"属性"命令，在打开的"图层属性"对话框中进行相应的设置，如图3-10所示。

● **调整图层顺序**：选择需要调整顺序的图层，按住鼠标左键的同时拖曳图层，此时将会出现一条线，拖曳到目标位置后释放鼠标即可调整图层的顺序，如图3-11所示。

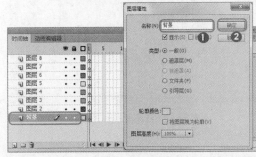

图3-10　重命名图层　　　　　　　　　图3-11　调整图层顺序

● **复制、粘贴图层**：选择【编辑】/【时间轴】/【复制图层】菜单命令，或在需要复制的图层上单击鼠标右键，在弹出的快捷菜单中选择"复制图层"命令；选择需要粘贴图层位置下方的图层，选择【编辑】/【时间轴】/【粘贴图层】菜单命令即可粘贴图层，如图3-12所示。

● **删除图层**：选择需要删除的图层，单击"删除"按钮 ；也可在需要删除的图层上单击鼠标右键，在弹出的快捷菜单中选择"删除图层"命令，如图3-13所示。

图3-12 复制、粘贴图层　　　　　　　　　　图3-13 删除图层

- 创建图层文件夹：单击"时间轴"面板底部的"新建文件夹"按钮 ，新文件夹将出现在所选图层或文件夹的上方，如图3-14所示。
- 将图层放入文件夹中：选择需要移动到文件夹中的图层，按住鼠标左键将其拖曳到文件夹图标上方，释放鼠标，如图3-15所示。

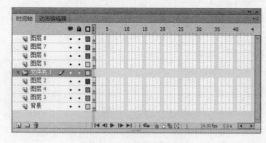

图3-14 创建图层文件夹

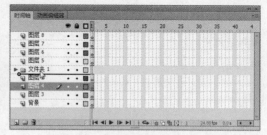

图3-15 将图层放入文件夹中

- 展开或折叠文件夹：要查看文件夹包含的图层而不影响在舞台中可见的图层，需要展开或折叠该文件夹，单击该文件夹名称左侧的▼按钮即可，如图3-16所示。
- 将图层移出文件夹：展开文件夹后，在其下方选择需要移出的图层，将其拖曳到文件夹外侧，如图3-17所示。

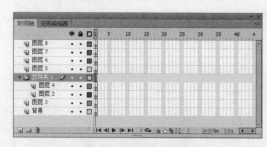

图3-16 展开或折叠文件夹

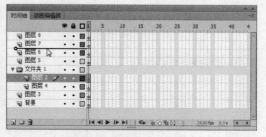

图3-17 将图层移出文件夹

2. 查看图层和文件夹

在制作多图层Flash动画时，根据需要可以选择查看图层和文件夹的方式，包括显示与隐藏图层或文件夹、锁定与解锁图层或文件夹、以轮廓方式查看图层上的内容及改变图层轮廓色。下面对操作方法进行具体介绍。

- 显示或隐藏图层或文件夹："时间轴"面板中图层或文件夹名称旁边若有✕图标，表示图层或文件夹处于隐藏状态，单击"时间轴"面板中图层或文件夹名称右侧的✕图标，可在显示和隐藏状态之间进行切换，如图3-18所示。

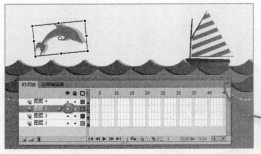
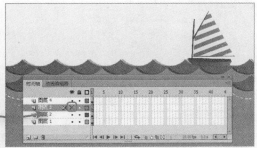

图3-18　显示或隐藏图层或文件夹

● **锁定或解锁图层或文件夹**：在绘制复杂图形，或舞台中对象过多时，为了方便编辑，可以将不用的图层锁定，单击"时间轴"面板中该图层或文件夹名称右侧的 图标可在锁定和解锁状态之间进行切换，如图3-19所示。

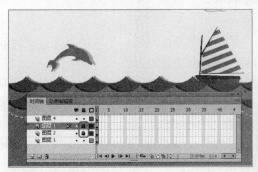

图3-19　锁定或解锁图层或文件夹

● **以轮廓方式查看图层上的内容**：用轮廓方式可以区分对象所属的图层，这在图层很多时较实用，若要将图层上所有对象显示为轮廓，可单击该图层名称右侧的 图标，如图3-20所示，单击 图标可关闭轮廓显示方式。

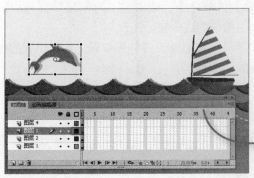
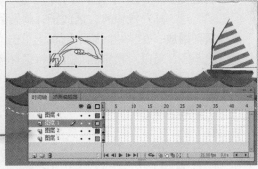

图3-20　以轮廓方式查看图层上的内容

● **改变图层轮廓色**：在有特殊需要时，Flash CS6允许用户自定义图层轮廓色。其方法为：在需要设置轮廓色的图层上单击鼠标右键，在弹出的快捷菜单中选择"图层属性"命令，打开"图层属性"对话框，单击"轮廓颜色"右侧的色块，在弹出的颜色选项列表中选择需要的颜色，单击 确定 按钮，如图3-21所示。

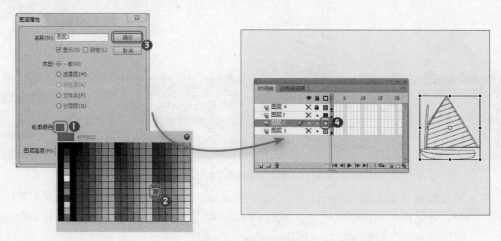

图3-21　改变图层轮廓色

（三）控制动画播放

在编辑Flash动画时，为了查看动画播放的效果以及时发现问题，用户可以通过"时间轴"面板快速对动画播放进行控制。下面具体讲解控制动画播放的方法。

- **播放**：将播放指针移动到起始帧，选择【控制】/【播放】菜单命令，或单击"时间轴"面板中的"播放"按钮▶，即可从播放指针所在的帧开始播放动画。在播放过程中按【Enter】键或单击"暂停"按钮Ⅱ可暂停播放。
- **转到第一帧**：选择【控制】/【后退】菜单命令，或单击"时间轴"面板中的"转到第一帧"按钮◀，播放指针将转到动画第一帧。
- **转到结尾**：选择【控制】/【转到结尾】菜单命令，或单击"时间轴"面板中的"转到最后一帧"按钮▶，播放指针将转到动画最后一帧。
- **前进一帧**：选择【控制】/【前进一帧】菜单命令，或单击"时间轴"面板中的"前进一帧"按钮▷，播放指针将转到当前帧的前一帧。
- **后退一帧**：选择【控制】/【后退一帧】菜单命令，或单击"时间轴"面板中的"后退一帧"按钮◁，播放指针将转到当前帧的后一帧。
- **循环播放**：在"时间轴"面板上单击"循环"按钮⟲，并在帧标题上拖曳出现的标记范围，可以对指定的范围进行循环播放。

三、任务实施

（一）添加文字

制作飘散文字效果需要分离输入的文本，然后对其添加关键帧，进行动画效果的制作，其具体操作如下。

（1）新建一个尺寸为"1000像素×693像素"的空白动画文档，然后在舞台中间导入"飘散文字背景.jpg"图像，如图3-22所示。

（2）选择【窗口】/【时间轴】菜单命令，打开"时间轴"面板。单击🔒按钮，将图层锁定。双击"图层1"图层名称，将该图层重命名为"背景"，在"时间轴"面板上选择第60帧，按【F6】键插入关键帧，如图3-23所示。

微课视频

添加文字

图3-22　导入素材图层

图3-23　插入关键帧

（3）单击"新建图层"按钮🗊，新建"图层2"。选择"图层2"的第1帧，并输入文本"下
一秒"，如图3-24所示。选择"图层2"的第2~60帧，单击鼠标右键，在弹出的快捷菜
单中选择"删除帧"命令。

（4）选择"图层2"的第1帧，按【Ctrl+B】组合键分离文本，将其变为一个个单独的文字，
将舞台上的文字分别放置在不同的图层，在"下"图层的第15、25帧插入关键帧，选择
第15帧，将第15帧中的"下"字向上移动一些，如图3-25所示。

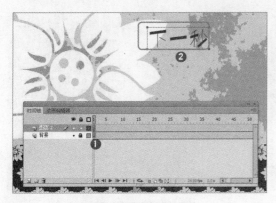

图3-24　新建图层并输入文本

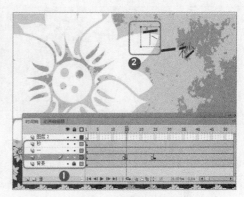

图3-25　分离并移动文字

<table>
<tr><td>多学
一招</td><td>预测动画帧数
　　在第 60 帧插入关键帧是为了使动画播放期间一直都有背景图案。一般在制作
动画前，都要大致预测动画帧数，再为背景图层插入对应的帧数。</td></tr>
</table>

（二）添加效果

　　插入关键帧后，还需对文字添加滤镜效果，并设置关键帧，使其
效果更加生动，其具体操作如下。

（1）选择"下"字，在"属性"面板中展开"滤镜"栏，单击"添加
滤镜"按钮🗊，在弹出的下拉列表中选择"模糊"选项，并设置
模糊参数，如图3-26所示。

（2）分别在"一"图层的第25、35帧插入关键帧。选择第25帧，将
第25帧中的"一"字向上移动。并使用相同的方法为"一"图层

微课视频

添加效果

第25帧中的"一"字添加"模糊"滤镜，如图3-27所示。

图3-26　添加"模糊"滤镜

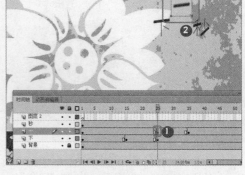

图3-27　编辑"一"图层

（3）分别在"秒"图层的第35、45帧插入关键帧，将第35帧中的"秒"字向上移动。使用相同的方法为"秒"图层中第35帧中的"秒"字添加"模糊"滤镜，如图3-28所示。

（4）选择"图层2"的第50帧，按【F7】键插入空白关键帧，在舞台中输入"一起聆听心跳的声音"文本。分别选择第55、第60帧，按【F6】键插入关键帧，选择第50帧中的文本，将其向下移动一些，在"属性"面板中为文本添加"模糊"滤镜，如图3-29所示。

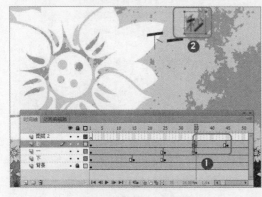

图3-28　编辑"秒"图层

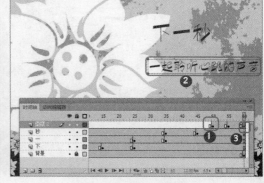

图3-29　编辑"图层2"

任务二　制作"妙笔花开"动画

　　Flash CS6的基本动画中除了逐帧动画，还有一类补间动画，其中包括补间形状动画、传统补间动画和补间动画。例如，花朵的开放（由花蕾变为盛开的花），这类补间形状动画是矢量图形变化而形成的动画；如果要表现物体大小、位置的变化，则可以使用传统补间动画或补间动画来制作。

一、任务目标

　　本任务将制作"妙笔花开"动画，在制作时通过补间形状动画实现花朵开放的效果，通过补间动画实现毛笔运动的效果。通过本任务的学习，用户可以掌握使用补间形状动画和补间动画的基本方法。本任务完成后的效果如图3-30所示。

素材所在位置　素材文件\项目三\任务二\妙笔花开.fla
效果所在位置　效果文件\项目三\任务二\妙笔花开动画.fla

效果文件

"妙笔花开"动画

图3-30 "妙笔花开"动画

二、相关知识

本任务中的动画制作需要先创建影片剪辑元件，绘制"桃花"，并创建补间形状动画制作开花效果，然后在主场景中制作"毛笔"移动补间动画。下面先对相关知识进行介绍。

（一）基本动画类型

Flash CS6提供了多种方法用来创建动画和特殊效果，通过Flash CS6可制作逐帧动画、补间形状动画、传统补间动画和补间动画等。这些方法在Flash CS6中经常使用，且操作起来也相对简单。各种动画的特点和效果如下。

● **逐帧动画**：通常由多个连续关键帧组成，通过连续显示关键帧中的对象，产生动画的效果，如图3-31所示。

● **补间形状动画**：Flash CS6计算两个关键帧中矢量图形的形状差异，并在关键帧中自动添加变化过程的一种动画类型，如图3-32所示。

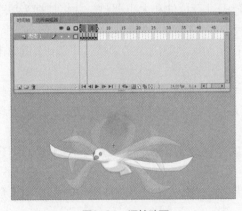

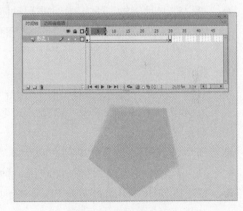

图3-31 逐帧动画 　　　　　　　图3-32 补间形状动画

● **传统补间动画**：Flash CS6根据同一对象在两个关键帧中的位置、大小、Alpha值和旋转等属性的变化，自动计算并生成其中变化过程的一种动画类型，其结束帧中的图形与开始帧中的图形密切相关，如图3-33所示。

● **补间动画**：补间动画可设置对象的属性，如大小、位置和Alpha值等，补间动画在时间轴中显示为连续的帧，默认情况下可以作为单个对象进行选择，如图3-34所示。

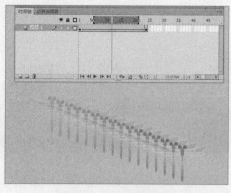

图3-33 传统补间动画

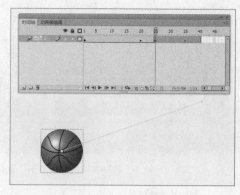

图3-34 补间动画

（二）传统补间动画与补间动画的区别

传统补间动画与补间动画虽然名字相似，但其原理和效果都有所区别，二者的区别主要有以下几点。

- 传统补间动画使用关键帧，关键帧是其中显示对象的帧。补间动画只能具有一个与之关联的对象实例，并使用属性关键帧，而不是关键帧。
- 补间动画在整个补间范围中由一个目标对象组成。传统补间动画在整个补间范围上由多个对象组成。
- 补间动画和传统补间动画都只允许对特定类型的对象进行补间。在创建补间动画时会将所有不允许的对象类型转换为影片剪辑元件，而创建传统补间动画时会将这些对象类型转换为图形元件。
- 在补间动画范围内不允许有帧脚本，而传统补间动画允许存在帧脚本。
- 可以在"时间轴"面板中对补间动画范围进行拉伸和大小调整，并将其视为单个对象。在传统补间动画的"时间轴"面板中可分别选择帧和组。
- 只有补间动画才能保存为动画预设。在补间动画范围中必须按住【Ctrl】键单击选择帧。
- 对于传统补间动画，缓动可应用于补间内关键帧之间的帧组。对于补间动画，缓动可应用于补间动画的整个范围。若要仅对补间动画的特定帧应用缓动，则需要创建自定义缓动曲线。
- 利用传统补间动画，可以在两种不同的色彩效果（如色调和Alpha值）之间创建动画。补间动画可以对每一帧应用一种色彩效果。
- 只可以使用补间动画来为3D对象创建动画，无法使用传统补间动画为3D对象创建动画。
- 补间动画无法交换元件或设置属性关键帧中显示的图形元件的帧数，而在传统补间动画中能应用这些技术。

（三）各动画在"时间轴"面板中的标识

Flash CS6通过在包含内容的每一帧中显示不同的指示符，来区分"时间轴"面板中的补间动画，如图3-35所示。各类型动画的"时间轴"面板的特征如下。

- **补间动画：** 一段具有蓝色背景的帧，第1帧中的黑色圆点表示补间范围的起点和分配有目标对象，黑色菱形表示最后一个帧和任何其他属性关键帧。

- **传统补间动画**：带有黑色箭头和浅紫色背景，起始关键帧处为黑色圆点。
- **补间形状动画**：带有黑色箭头和淡绿色背景，起始关键帧处为黑色圆点。
- **不完整动画**：有虚线表示其是断开或不完整的动画。

图3-35　各动画在"时间轴"面板中的标识

三、任务实施

（一）制作花开元件

本任务使用素材中的位图作为背景，使用补间形状制作花朵开放动画，其具体操作如下。

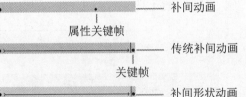

微课视频

制作花开元件

（1）选择【文件】/【打开】菜单命令，打开"妙笔花开.fla"动画文档。从"库"面板中将"背景"图像移动到舞台中作为背景，在第80帧处按【F5】键插入帧，并锁定"图层1"，如图3-36所示。

（2）新建"图层2"，将"桃花"元件移动到舞台中，并用"任意变形工具" 调整其大小，如图3-37所示。

图3-36　制作背景　　　　图3-37　调整元件

（3）按【Ctrl+F8】组合键新建一个"桃花"影片剪辑元件，在第1帧处绘制一个小圆，如图3-38所示。

（4）在"时间轴"面板的第10帧处按【F7】键插入空白关键帧，绘制一个桃花图形，然后在第1帧处单击鼠标右键，在弹出的快捷菜单中选择"创建补间形状"命令，如图3-39所示。

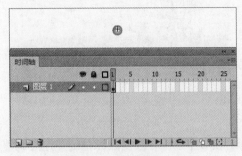

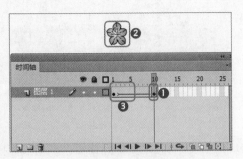

图3-38　绘制"桃花1"元件　　　图3-39　创建补间形状

（5）新建"桃花2"影片剪辑元件，用与步骤（4）中相同的方法制作形变动画，如图3-40所示。

（6）新建"桃花3"影片剪辑元件，用与步骤（4）中相同的方法制作形变动画，如图3-41所示。

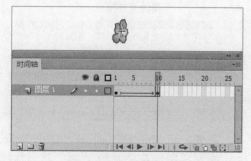

图3-40　制作"桃花2"元件动画　　　　图3-41　制作"桃花3"元件动画

（7）在"库"面板中选择"桃花1"元件并双击打开元件编辑窗口，在第70帧处按【F5】键插入帧。用相同的方法在"桃花2"元件的第55帧处插入帧，在"桃花3"元件的第40帧处插入帧。

> **知识提示**
>
> **影片剪辑中的帧数**
>
> 　这里在元件中插入多余的帧，是因为主场景的帧数为80帧。这样做的优点是在动画播放时，元件中的动画能与主场景同步，不会出现在主场景动画还没有播放完毕时元件中的动画又开始从头循环播放的情况。

（二）制作动画场景

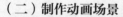

将制作好的"桃花1"～"桃花3"元件分别拖曳到舞台中，再为"毛笔"元件创建移动的补间动画，其具体操作如下。

微课视频

制作动画场景

（1）新建"图层3"，在"库"面板中选择"毛笔"元件并拖入舞台中，然后在第1帧处单击鼠标右键，在弹出的快捷菜单中选择"创建补间动画"命令，为第1~80帧创建补间动画，如图3-42所示。

（2）在"图层3"的第10帧处单击，然后在舞台中选择毛笔并拖曳到合适的位置，第10帧自动变成属性关键帧，如图3-43所示。

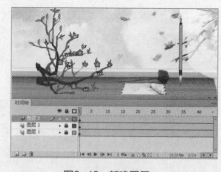

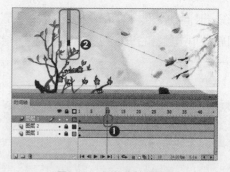

图3-42　新建图层　　　　　　　图3-43　添加属性关键帧

（3）将鼠标指针移动到补间路径上，当鼠标指针变成 形状时按住鼠标左键并拖曳调整运动路径，如图3-44所示。

（4）用相同的方法分别在第40、50帧处移动毛笔的位置，添加属性关键帧，并调整运动路径，如图3-45所示。

图3-44　调整运动路径　　　　　图3-45　添加属性关键帧

（5）新建"图层4"，在第10帧处按【F7】键插入空白关键帧，从"库"面板中移动"桃花1"元件到舞台的合适位置，如图3-46所示。

（6）用与步骤（5）中相同的方法新建"图层5""图层6"，将"桃花2""桃花3"元件分别移动到"图层5"的第25帧处、"图层6"的第40帧处，如图3-47所示。

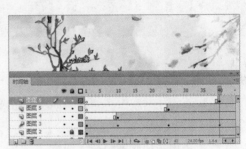

图3-46　添加"桃花1"元件　　　　图3-47　添加"桃花2""桃花3"元件

（7）完成后按【Ctrl+Enter】组合键测试动画，效果如图3-48所示。

图3-48　最终效果

任务三　制作"蜻蜓点水"动画

　　Flash CS6中的补间动画除了基本的时间帧操作外，还可以使用"动画编辑器"面板进行编辑，增强动画效果。本任务将制作"蜻蜓点水"动画，在制作过程中使用"动画编辑器"面板进行后期处理，使动画效果更加合理、生动。

一、任务目标

本任务将使用素材文档制作"蜻蜓点水"动画，主要应用传统补间动画和补间动画制作基本动画效果，然后使用"动画编辑器"面板增加缓动效果。通过本任务的学习，用户可以学会使用"动画编辑器"面板进行后期效果编辑。本任务完成后的效果如图3-49所示。

素材所在位置　素材文件\项目三\任务三\蜻蜓点水.fla
效果所在位置　效果文件\项目三\任务三\"蜻蜓点水"动画.fla

效果文件

"蜻蜓点水"动画

图3-49　"蜻蜓点水"动画

二、相关知识

本任务中的动画制作，涉及"动画编辑器"面板、曲线的设置、缓动属性等相关知识。下面先对这些知识进行详细介绍。

（一）认识"动画编辑器"面板

"动画编辑器"面板用于对补间动画进行编辑，此外还可以先对补间动画的编辑进行补充，再通过该面板实现对补间动画进行更高级的变化操作。

1. "动画编辑器"面板的组成

"动画编辑器"面板通常位于"时间轴"面板的右侧，也可以选择【窗口】/【动画编辑器】菜单命令，打开该面板，如图3-50所示。

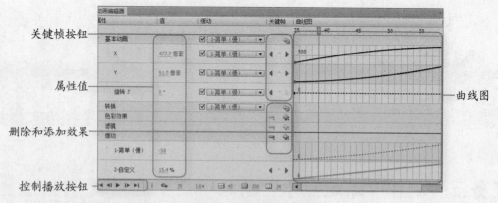

图3-50　"动画编辑器"面板

下面对"动画编辑器"面板中各部分的功能进行介绍。

● **关键帧按钮**：包括"转到上一个关键帧"按钮◀、"添加或删除关键帧"按钮◇、

"转到下一个关键帧"按钮▶，这些按钮都用于对关键帧进行控制；另外，还包括一个"重置值"按钮◐，主要用于重置该面板中的各项值。

● **属性值**：用于设置补间动画中对象的各个数值，包括基本动画、转换、色彩效果、滤镜和缓动等选项。

● **删除和添加效果**：单击"添加颜色、滤镜或缓动"按钮➜，将会弹出一个下拉列表，在该下拉列表中进行选择可以添加颜色、滤镜或缓动等效果；如果不需要这些效果，可单击"删除颜色、滤镜或缓动"按钮➡删除。

● **控制播放按钮**：部分按钮与"时间轴"面板中的播放控制按钮类似，用于设置并查看帧的位置；另外还包括几个用于设置面板视图大小的按钮，可以根据需要调整面板的大小。

● **曲线图**：用于显示补间的属性曲线，该区域中的帧与"时间轴"面板中的帧对应。

2. 为什么要使用"动画编辑器"面板

在简单的补间动画制作过程中，可以利用实例和"属性"面板来给实例增加缓动和调整属性，也可以添加关键帧，进行各种各样的改变，来实现一个补间动画，然而有一些效果只能使用"动画编辑器"面板才能制作出来。

"动画编辑器"面板包含一个选项列表，提供了已选的补间和缓动所能提供的所有属性的信息。"动画编辑器"面板也能够调整动画，添加新的颜色效果，或者给接下来的补间添加新的缓动。当然，它包含了一张图表，使用户能够控制补间的属性关键帧的值，了解Flash动画是如何利用关键帧之间的曲线来实现的，分别介绍如下。

● **复合定义缓动**：在"属性"面板中，只能添加"简单（慢）"的缓动，而在"动画编辑器"面板能添加不同的预定义、复合定义缓动，或创建一个自定义缓动。

● **个体属性**：可以给个体属性添加缓动，然后在属性图表中查看这些缓动的效果。

● **调整曲线**：使用贝塞尔控件可以对大多数单个属性的补间曲线的形状进行微调。

● **设置浮动**：对X、Y和Z属性的关键帧启用浮动，通过浮动可以将属性关键帧移动到不同的帧或在各个帧之间移动以创建流畅的动画。

（二）设置曲线

选择"时间轴"面板中的补间范围、舞台上的补间对象及补间动画的运动路径后，"动画编辑器"面板的"曲线图"区域中都会显示该补间的属性曲线，该网格表示发生选定补间的时间轴的各个帧。

在"动画编辑器"面板中，不同的属性使用不同的曲线来表示，并且每个曲线图的水平方向上的值表示时间，垂直方向上的值表示属性值。特定属性的每个关键帧将显示为该属性曲线上的控制点。

在"动画编辑器"面板中通过添加属性关键帧并使用标准贝塞尔控件处理曲线，使用户可以精确控制大多数属性的曲线形状。其中对于基本动画的X、Y和Z属性，可以在属性曲线上添加和删除关键帧的控制点，但不能使用贝塞尔控件。

1. 控制"动画编辑器"面板的显示

在"动画编辑器"面板中，可设置的选项较多，而且为了方便控制不同选项的曲线，默认情况下将各个选项所占用的位置都设置得较大，为了在编辑该面板的过程中能更好地观察和控制，就需要随时对该面板的大小、显示的内容和显示的范围等进行控制。

控制"动画编辑器"面板中显示内容的方法为：单击各个选项左侧的▼按钮，将会折叠该选项的属性，如图3-51所示；折叠后，▼按钮将会变为▶按钮，单击该按钮，又将展开对应选项。若需要在"曲线图"区域中观察更多的帧，以便了解曲线的走向，单击该面板下方的"可以观察的帧"数值框，并在该数值框中输入相应的数字，即可在"曲线图"区域中显示相应数量的帧，如图3-52所示。

图3-51　折叠选项　　　　　　　　　　　　　图3-52　调整曲线图的显示

2. 编辑属性曲线的形状

"动画编辑器"面板"曲线图"区域中的曲线可以分别进行不同的调整，其调整的结果将会直接反映到补间动画中。可以在"动画编辑器"面板中使用标准贝塞尔控件来精确控制补间中除了基本动画外的每一条属性曲线的形状。

控制该面板中的曲线的方法和控制"钢笔工具"的方法类似，都是在曲线的关键点上通过拖曳鼠标指针来移动关键点的位置或改变曲线的走向，如图3-53所示。

在不同的位置添加关键帧可以更好地控制曲线，曲线中的关键帧与"时间轴"面板中的关键帧对应，所以可以通过在"时间轴"面板中添加关键帧来添加关键帧。另外，可以通过该面板中的"添加或删除关键帧"按钮◇来添加或删除关键帧，其方法是将红色的播放指针定位到指定的位置，然后单击曲线对应的"添加或删除关键帧"按钮◇，如果红色播放指针所在的位置没有关键帧，则会在曲线中添加关键帧，如果红色播放指针所在的位置有关键帧，则会删除该关键帧，如图3-54所示。

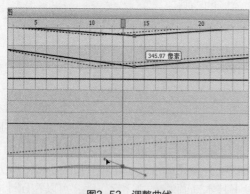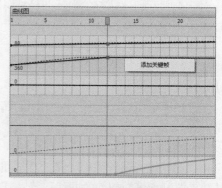

图3-53　调整曲线　　　　　　　　　　　　　图3-54　添加关键帧

（三）缓动属性

缓动是用于修改Flash动画并计算补间过程中帧与帧之间的变化时间的一种技术，如果不使用缓动，则补间过程中每一帧的变化时间都是相同的。从某种意义上来说，缓动可以视作加速和减速。

1. 通过"动画编辑器"面板添加缓动

在"动画编辑器"面板中添加缓动的方法为：单击"缓动"栏右侧的"添加颜色、滤镜或缓动"按钮⬕，在弹出的下拉列表中选择需要的缓动类型，再单击其他需要添加缓动的属性栏中的"无缓动"下拉列表框，并在打开的下拉列表中选择需要添加的缓动的类型，如图3-55所示。

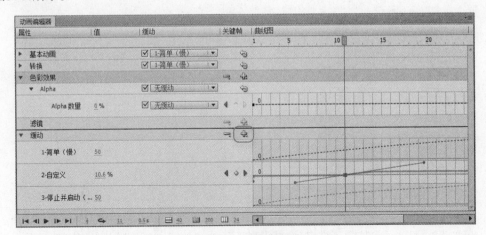

图3-55　添加缓动

2. 通过"属性"面板设置缓动

对于传统补间动画，通过"属性"面板同样可以设置缓动，其方法为：选择补间过程，打开"属性"面板，在"补间"栏的"缓动"数值框中输入数值，如图3-56所示。若输入的值为正值，则为输出缓动；若为负值，则为输入缓动。

单击"缓动"数值框右侧的"编辑缓动"按钮 ∕，打开"自定义缓入/缓出"对话框，拖曳对话框中的曲线即可编辑缓动，如图3-57所示。其中，曲线的斜率表示变化速率，曲线水平时，变化速率为0；曲线垂直时，变化速率最大。

图3-56　设置缓动数值

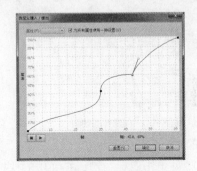

图3-57　编辑缓动

三、任务实施

（一）创建补间动画

本任务使用素材中的元件作为背景，分别使用补间动画制作"小鱼游动""蜻蜓飞舞""水波扩散"动画，其具体操作如下。

（1）选择【文件】/【打开】菜单命令，打开"蜻蜓点水.fla"动画文档。在"时间轴"面板的"帧速率"数值框中输入"12"，调整帧速率。使用"钢笔工具"和"颜料桶工具"绘制并填充一个渐变色的池塘背景，如图3-58所示。

（2）新建"图层2"，从"库"面板中分别将"荷花"和"竹"元件移动到舞台中合适

微课视频

创建补间动画

69

的位置，然后选择"竹"实例，在按住【Ctrl】键的同时拖曳鼠标复制一个"竹"实例，将其移动到合适的位置，用相同的方法复制多个"竹"实例并移动到合适的位置，如图3-59所示。

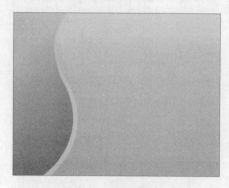

图3-58　绘制背景

图3-59　添加并复制实例

（3）新建"图层3"，将其向下拖曳到"图层2"下方，锁定"图层1""图层3"，从"库"面板中将"游鱼"元件移动到"图层3"的舞台中，用"任意变形工具"　选择"游鱼"实例，将鼠标指针移动到控制点上，当鼠标指针变成⌒形状时拖曳以旋转"游鱼"方向，然后创建补间动画，如图3-60所示。

（4）在第20帧处用"选择工具"　选择"游鱼"实例，将其拖曳到合适的位置以添加属性关键帧，并拖曳曲线调整运动路径，然后旋转"游鱼"的方向，如图3-61所示。

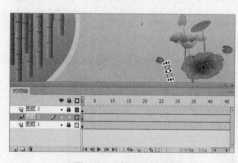

图3-60　创建补间动画

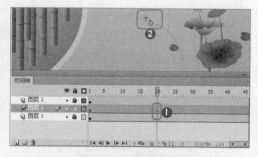

图3-61　添加属性关键帧

（5）用相同的方法在第40帧处添加属性关键帧，并调整"游鱼"的位置和方向，如图3-62所示。

（6）在第21帧处单击鼠标右键，在弹出的快捷菜单中选择"拆分动画"命令，然后调整第21~40帧的运动路径，如图3-63所示。

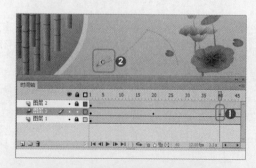

图3-62　在第40帧处添加属性关键帧

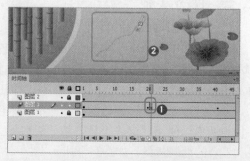

图3-63　拆分动画并调整路径

（7）新建"图层4"，将"蜻蜓"元件拖入舞台，调整蜻蜓的位置和方向，然后创建补间动画，如图3-64所示。

（8）在第20帧处添加属性关键帧，并调整蜻蜓的位置和运动路径，如图3-65所示。

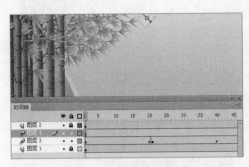

图3-64　制作蜻蜓补间动画

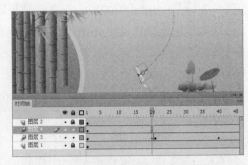

图3-65　添加属性关键帧

（9）用相同的方法在第50帧处添加属性关键帧，调整蜻蜓的位置到舞台左上角，然后在第21帧处拆分动画，并调整蜻蜓的方向，如图3-66所示。

（10）按【Ctrl+F8】组合键新建"水波"影片剪辑元件，并在其中绘制一个环形，选中图形并按【F8】键，将其转换为图形元件，如图3-67所示。

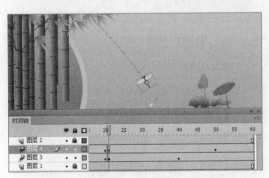

图3-66　拆分动画

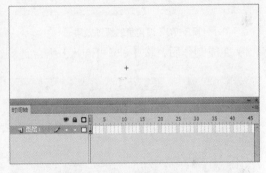

图3-67　绘制"水波"元件

（11）在第1帧处单击鼠标右键，在弹出的快捷菜单中选择"创建传统补间"命令，在第40帧处按【F6】键插入关键帧，并调整水波的大小，在第80帧处按【F5】键插入帧，如图3-68所示。

（12）用相同的方法制作"图层2""图层3"的水波从小变大的动画效果，如图3-69所示。

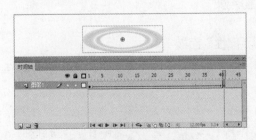

图3-68　创建传统补间动画

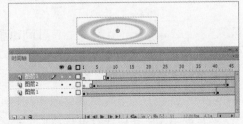

图3-69　制作水波动画

（13）返回场景，新建"图层5"，在第20帧处按【F7】键插入空白关键帧，并添加"水波"元件。

（二）编辑补间动画

本任务使用"动画编辑器"面板编辑鱼由快到慢的游动过程，用"属性"面板编辑蜻蜓的缓动效果，其具体操作如下。

（1）在"图层3"的第20帧处单击，在"动画编辑器"面板的"缓动"选项中单击➕按钮，在弹出的下拉列表中选择"停止并启动慢"选项，添加缓动效果，如图3-70所示。

（2）在图层4的第1帧处单击，在补间动画的"属性"面板中设置"缓动"为"-50"，用相同的方法在第20帧处设置"缓动"为"50"，如图3-71所示。

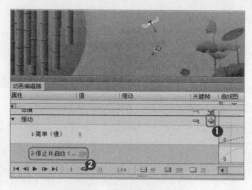

图3-70　设置鱼的缓动效果

图3-71　设置蜻蜓的缓动效果

（3）完成制作后，按【Ctrl+Enter】组合键测试动画效果，如图3-72所示。

图3-72　最终效果

知识
提示

补间动画"属性"面板

缓动值若为负值则表示输入，在补间开始处缓动；若为正值则表示输出，在补间结束处缓动。

"旋转"选项可以调整元件在补间路径中的运动方式，其参数包括"旋转"，数值表示在运动的过程中转动的次数；"方向"包括"无""顺时针""逆时针"3种；选中"调整到路径"复选框可以将元件锁定到运动路径上。

实训一 制作"汽车行驶"动画

【实训要求】

本实训要求使用补间动画制作"汽车行驶"动画，用"铅笔工具"绘制补间运动路径，使用户在预览动画时，可以看到汽车在地图上沿公路行驶。本实训的参考效果如图3-73所示。

【实训思路】

本实训将新建一个Flash动画文档，在其中导入素材，并新建元件，为汽车创建补间动画，然后绘制运动路径来制作补间动画。

微课视频

制作"汽车行驶"动画

效果文件

"汽车行驶"动画

图3-73 "汽车行驶"动画

素材所在位置 素材文件\项目三\实训一\汽车行驶\
效果所在位置 效果文件\项目三\实训一\汽车行驶.fla

【步骤提示】

（1）新建一个尺寸为"1000像素×658像素"的空白动画文档。按【Ctrl+R】组合键，打开"导入"对话框，在其中选择"地图.png"图像导入舞台中。将图像移动到舞台中间，并在第60帧处按【F6】键插入关键帧，新建"图层2"。

（2）选择"图层2"的第1帧。按【Ctrl+R】组合键，将"汽车.png"图像导入舞台中，并调整其大小和方向。选择导入的图像，按【F8】键，打开"转换为元件"对话框，在其中设置"名称""类型"分别为"汽车""图形"，单击 确定 按钮。

（3）选择【插入】/【补间动画】菜单命令，创建补间动画。选择第60帧，按【F6】键插入关键帧，将"汽车"元件拖曳到最后停放的位置。

（4）新建"图层3"，选择"铅笔工具" ，设置"笔触颜色"为黑色，在舞台中绘制出汽车行驶的路线。

（5）使用"选择工具" ，选择绘制的路径。按【Ctrl+C】组合键复制路径，再选择"图层2"的第1帧，选择所有的补间。

（6）按【Ctrl+Shift+V】组合键粘贴路径，使补间路径与绘制的路径完全重合。在"属性"面板中选中"调整到路径"复选框，使元件在路径上运动时根据路径调整角度。删除"图层3"，去掉绘制的铅笔路径。

实训二 制作"风筝飞舞"动画

【实训要求】

本实训要求制作风筝在空中飞舞的动画，参考效果如图3-74所示。

【实训思路】

本实训操作较简单，只需使用传统补间动画，便可制作出风筝在天上飘动的效果。

微课视频

制作"风筝飞舞"动画

效果文件

"风筝飞舞"动画

图3-74 "风筝飞舞"动画

素材所在位置 素材文件\项目三\实训二\风筝飞舞\
效果所在位置 效果文件\项目三\实训二\风筝飞舞.fla

【步骤提示】

（1）新建一个尺寸为"1000像素×673像素"的空白动画文档。按【Ctrl+R】组合键，在打开的对话框中选择"背景.jpg"图像，将其导入并移动到舞台中间。然后在第30帧处按【F6】键插入关键帧。新建"图层2"。

（2）选择"图层2"的第1帧，将"风筝.png"图像导入舞台中。选择导入的图像，按【F8】键，打开"转换为元件"对话框，在其中设置"名称""类型"分别为"风筝""图形"，单击 确定 按钮。

（3）使用"任意变形工具" ▓▓旋转"风筝"元件，并将其移动到舞台右边。选择第14帧，按【F6】键插入关键帧，继续使用"任意变形工具" ▓▓旋转"风筝"元件。在第30帧处按【F6】键插入关键帧，在其中继续旋转"风筝"元件。

（4）选择"图层2"的第1帧，选择【插入】/【传统补间】菜单命令，为第1~14帧创建传统补间动画。选择第14帧，使用相同的方法为第14~30帧创建传统补间动画。

（5）按【Ctrl+Enter】组合键测试动画，可以看见风筝在天空中飞舞的效果。

常见疑难问题解析

问：如何删除补间动画？

答：在补间动画的起始帧上单击鼠标右键，在弹出的快捷菜单中选择"删除补间"命令，即可删除该补间动画。

问："动画编辑器"面板为何不可用？

答：若要使用"动画编辑器"面板，必须先选择补间动画范围，然后再切换到"动画编辑器"面板方可正常使用。

问：同一段补间动画可以同时添加多个属性吗？

答：可以。在同一段补间动画中可以同时添加转换、色彩效果、滤镜、缓动等效果。可在"动画编辑器"面板中完成添加效果操作，也可选择动画对象，然后在"属性"面板中进行设置。

拓展知识

1. 使用动画预设

使用动画预设能够以最少的步骤添加动画。在舞台上选择影片剪辑元件实例，选择【视图】/【动画预设】菜单命令，打开"动画预设"面板，选择需要的动画预设并应用即可。例如，有一段蝴蝶飞舞的动画预设，选择舞台中的蝴蝶影片剪辑元件并应用该动画预设后，即可实现蝴蝶飞舞的效果。

2. 分散到图层

在制作动画时常需要分层处理动画对象，即将各个动画对象放置到不同的图层中。如果动画对象都绘制在同一图层中，可选择动画对象的各个部分，然后单击鼠标右键，在弹出的快捷菜单中选择"分散到图层"命令，将所选的各个部分分散到单独的图层中。

> **多学一招**　　　　　　**为补间形状添加提示**
>
> 为确保创建的补间形状动画达到最佳效果，在添加形状提示时，用户应遵循以下原则。
>
> ① 在创建复杂的形状提示时，要先创建中心形状再创建补间，而不能只定义起始和结束形状。
>
> ② 要确保形状提示的顺序相同，不能一个关键帧是 a、b、c，另一个关键帧是 c、a、b。
>
> ③ 添加的形状提示应按逆时针顺序从形状左上角开始摆放，这样得到的效果将最理想。

课后练习

（1）应用补间动画制作一个"篮球宣传"动画，该动画的特点是模拟打篮球过程中篮球的运行状态，练习补间动画的创建、应用缓动编辑补间动画属性的操作。最终效果如图3-75所示。

效果文件

"篮球宣传"动画

图3-75 "篮球宣传"动画

 素材所在位置 素材文件\项目三\课后练习\篮球\
效果所在位置 效果文件\项目三\课后练习\篮球宣传动画.fla

（2）根据提供的图形素材，制作蜻蜓在花丛中飞舞的动画效果，练习绘制运动路径来制作补间动画和逐帧动画的操作。最终效果如图3-76所示。

效果文件

"蜻蜓飞舞"动画

图3-76 "蜻蜓飞舞"动画

 素材所在位置 素材文件\项目三\课后练习\蜻蜓.fla
效果所在位置 效果文件\项目三\课后练习\蜻蜓飞舞.fla

项目四
制作引导层与遮罩动画

情景导入

　　米拉在浏览网页时看到海鸥在涌动的海浪上自由地飞翔，很喜欢。当她发现这些效果都是通过Flash CS6制作的时，不解地问老洪："这是用Flash CS6中的什么功能实现的呀？""这是使用了Flash CS6中的引导层与遮罩动画效果啊！"老洪继续说："像蝴蝶飞舞、星球公转等效果都可以使用引导层动画制作；卷轴画、流水等效果都可以使用遮罩动画制作。"

学习目标

● 掌握引导层动画的基本原理及基本制作方法
如"小鸟飞行"引导层动画的基本原理、引导层动画的制作方法等。

● 掌握遮罩动画的原理及基本制作方法
如"海浪拍岸"遮罩动画的原理、遮罩动画的基本制作方法等。

案例展示

▲ "小鸟飞行"动画

▲ "海浪拍岸"动画

任务一 制作"小鸟飞行"动画

使用补间动画制作动画，在编辑运动路径时可能不太方便、准确。因此，本任务将使用引导层来实现小鸟沿着引导线飞行的动画效果。

一、任务目标

本任务将采用引导层实现"小鸟飞行"动画效果。先在舞台中使用"钢笔工具"或"铅笔工具"绘制飞行路径，然后将图层转换为引导层，在其下方的图层中创建"小鸟飞行"动画效果。通过本任务的学习，用户可以掌握引导层动画的基本制作方法。本任务完成后的效果如图4-1所示。

素材所在位置　素材文件\项目四\任务一\小鸟\
效果所在位置　效果文件\项目四\任务一\小鸟飞行.fla

效果文件

"小鸟飞行"动画

图4-1 "小鸟飞行"动画

二、相关知识

本任务涉及引导层动画原理、引导层的分类、引导层动画的"属性"面板和制作引导层动画的注意事项等相关知识，下面对这些知识进行介绍。

（一）引导层动画的原理

引导层动画是动画对象沿着引导层中绘制的线条运动的动画。绘制的线条通常是不封闭的，以便Flash CS6找到线条的头和尾（动画开始位置及结束位置）从而使动画对象进行运动。引导层通常采用传统补间动画来实现运动效果，被引导层中的动画可与传统补间动画一样，设置除位置变化外的其他属性，如Alpha值、大小等属性。

（二）引导层的分类

引导层被分为普通引导层和运动引导层两种，它们的作用及产生的效果都有所不同，下面分别进行介绍。

1. 普通引导层

普通引导层在动画中起辅助静态对象定位的作用。选择要作为引导层的图层，单击鼠标右键，在弹出的快捷菜单中选择"引导层"命令，将该图层创建为普通引导层。在图层区域以 图标表示，如图4-2所示。

2. 运动引导层

在Flash动画中，为对象建立运动曲线并使它沿指定的路径运动是不能够直接完成的，需要借助运动引导层来实现。运动引导层可以根据需要与一个图层或任意多个图层相关联，这些被关联的图层称为被引导层。被引导层上的任意对象将沿着运动引导层上的路径运动，创建的引导层在图层区域以 图标表示，如图4-3所示。

创建运动引导层后，在"时间轴"面板的图层编辑区中的被引导层的标签将向内缩进，而上方的引导层则没有变化，非常形象地表现出了两者之间的关系。默认情况下，任何一个新创建的运动引导层都会自动放置在用来创建该运动引导层的普通图层的上方，移动该图层则所有与它关联的图层都将随之移动，以保持它们之间的引导和被引导的关系。

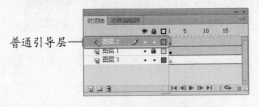

普通引导层

运动引导层

图4-2 普通引导层

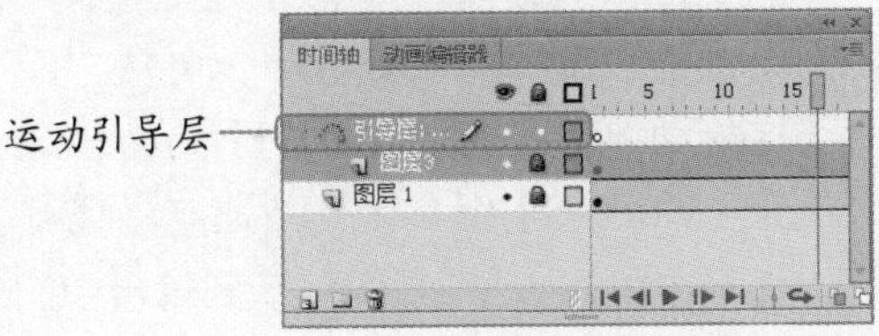

图4-3 运动引导层

3. 普通引导层和运动引导层的相互转换

普通引导层和运动引导层之间可以相互转换。将普通引导层转换为运动引导层，只需给普通引导层添加一个被引导层即可。其方法为：将普通引导层上方的图层拖曳到普通引导层的下面。同样的道理，如果要将运动引导层转换为普通引导层，只需将与运动引导层相关联的所有被引导层拖曳到普通引导层的上方即可。

（三）引导层动画的"属性"面板

在引导层动画的"属性"面板中可以对动画进行精确的调整，使被引导层中的对象的运动和引导层中的路径保持一致。引导层动画的"属性"面板如图4-4所示，其主要参数如下。

● **"贴紧"复选框**：选中该复选框，对象的中心点将会与运动路径对齐。

● **"调整到路径"复选框**：选中该复选框，对象的基线将会自动调整到运动路径。

● **"同步"复选框**：选中该复选框，对象的动画将和主时间轴一致。

● **"缩放"复选框**：选中该复选框，在制作缩放动画时，对象将随着帧的变化而缩小或放大。

（四）制作引导层动画的注意事项

在制作引导层动画的过程中需要注意以下6个事项。

图4-4 引导层动画的
"属性"面板

● **引导线的转折不宜过多**：引导线的转折不宜过多，且转折处的线条转弯不宜过急，以免Flash CS6无法准确判断对象的运动路径。

● **引导线应完整**：引导线应为一条完整、连续的线条，不能出现中断的现象。

● **引导线不能交叉**：引导线不能交叉、重叠，否则Flash CS6无法识别，导致动画创建失败。

● **必须吸附在引导线上**：被引导对象必须吸附在引导线上，否则被引导对象将无法沿着引导路径运动。

● **必须为未封闭线条**：引导线必须是未封闭的线条。

● **灵活使用"调整到路径"复选框**：在"属性"面板中选中"调整到路径"复选框，可让动画对象根据路径情况进行调整，从而实现更真实的运动效果。如小鸟沿着引导线平行飞行后转为向下飞行，此时如果选中"调整到路径"复选框，则Flash CS6会调整小鸟的倾斜角度使其头部及身体有一个稍微向下倾斜的效果，让小鸟的飞行动作更加真实。

三、任务实施

下面将具体讲解制作"小鸟飞行"动画的方法，其具体操作如下。

微课视频

制作"小鸟飞行"动画

（1）新建一个尺寸为"1024像素×768像素"，颜色为"#00CCCC"的空白动画文档。按【Ctrl+R】组合键，将"小鸟"文件夹中的图像都导入"库"面板中，再从"库"面板中将"背景.png"图像移动到舞台中，如图4-5所示。

（2）按【Ctrl+F8】组合键，新建"鸟飞行"影片剪辑元件，从"库"面板中将"1.png"图像移动到舞台中间，按两次【F6】键，插入两个关键帧，然后再按【F7】键插入空白关键帧。从"库"面板中将"2.png"图像移动到舞台中间，按两次【F6】键，插入两个关键帧，如图4-6所示。

图4-5　制作背景

图4-6　新建元件

（3）返回"场景1"，新建"图层2"，从"库"面板中将"鸟飞行"元件移动到舞台中，在"图层1"和"图层2"的第60帧处插入关键帧，在"图层2"的第1~59帧处单击鼠标右键，在弹出的快捷菜单中选择"创建传统补间"命令创建传统补间动画，如图4-7所示。

（4）在"图层2"上单击鼠标右键，在弹出的快捷菜单中选择"添加传统引导图层"命令创建引导图层，在"引导层"图层的第1帧处用"铅笔工具" ✐绘制一条平滑曲线，作为飞行路径，如图4-8所示。

图4-7　创建传统补间

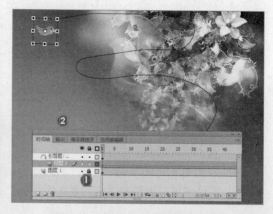

图4-8　创建引导图层并绘制飞行路径

（5）在第1帧处拖曳"鸟飞行"实例到引导线的一端，使其紧贴到引导线上，在第60帧处拖曳实例到引导线的末端，使其紧贴到引导线上，如图4-9所示。

（6）选择"图层2"中的传统补间区间，在"属性"面板中的"补间"栏中设置"缓动""旋转"分别为"74""无"，并选中"贴紧"和"调整到路径"复选框，如图4-10所示。

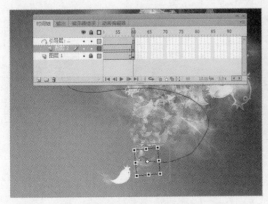

图4-9　拖曳元件到引导线

图4-10　设置"图层2"的属性

（7）按【Ctrl+Enter】组合键测试动画，可看到小鸟沿着引导层中的引导线飞行，如图4-11所示。

图4-11　测试"小鸟飞行"动画效果

多学
一招

引导多个图层

被引导层可以有多层，也就是在Flash CS6中允许多个对象沿着同一条引导线进行运动。一个引导层也允许有多条引导线，但一个引导层中的对象只能在一条引导线上运动。

任务二　制作"海浪拍岸"动画

在日常生活中，"海浪拍岸"的景象很美，在Flash CS6中通过遮罩动画便可实现这种效果，本任务将制作海浪拍打沙滩的动画。

一、任务目标

本任务将制作"海浪拍岸"的效果，主要涉及遮罩动画及补间动画的制作，并使用遮罩制作波浪效果。本任务完成后的效果如图4-12所示。

素材所在位置	素材文件\项目四\任务二\大海.jpg
效果所在位置	效果文件\项目四\任务二\"海浪拍岸"动画.fla

效果文件

"海浪拍岸"动画

图4-12 "海浪拍岸"动画

二、相关知识

本任务用到了遮罩动画技术，下面对其相关知识进行介绍。

（一）遮罩动画的原理

遮罩动画是比较特殊的动画类型，主要包括遮罩层及被遮罩层，其中遮罩层主要控制形，即所能显示的范围及形状，如果遮罩层中是一个月亮图形，则用户只能看到这个月亮图形中的动画效果。被遮罩层则主要实现被遮罩后的动画效果，如移动的风景等。图4-13所示的是创建一个静态的遮罩动画效果的前后对比图。

由于遮罩层的作用是控制形状，因此对于在该层中绘制的矢量图形，其描边或填充颜色无关紧要，因为不会显示出来。

遮罩层

被遮罩层

看不到

图4-13 遮罩动画的原理示意图

（二）创建遮罩层

在Flash CS6中创建遮罩层的方法主要有用菜单命令创建和通过改变图层属性创建两种，下面分别进行介绍。

- **用菜单命令创建：** 用菜单命令创建遮罩层是创建遮罩层最简单的方式，在要作为遮罩层的图层上单击鼠标右键，在弹出的快捷菜单中选择"遮罩层"命令，即可将当前图层转换为遮罩层。转换后紧贴它下面的图层，则会被自动转换为被遮罩层。

- **通过改变图层属性创建：** 在图层区域中双击要转换为遮罩层的图层，在打开的"图层属性"对话框的"类型"栏中选中"遮罩层"单选项，然后单击 确定 按钮即可。创建遮罩层后，还需要双击遮罩层下方的图层，在打开的"图层属性"对话框

的"类型"栏中选中"被遮罩"单选项，再单击 确定 按钮，将该图层转换为被
遮罩层，这样才能使遮罩层和被遮罩层之间建立一种遮罩关系。

（三）创建遮罩动画的注意事项

虽然用户可以在遮罩层中绘制任意图形并用于创建遮罩动画，但为了能使创建的遮罩动
画更具美感，在创建遮罩动画时应注意以下3个事项。

- **遮罩的对象：** 遮罩层中的对象可以是按钮、影片剪辑、图形和文字等，但不能使用
  笔触；被遮罩层中则可以是除了动态文本之外的任意对象。在遮罩层和被遮罩层中
  可使用形状补间动画、动作补间动画、引导层动画等多种动画形式。
- **编辑遮罩：** 在制作遮罩动画的过程中，遮罩层可能会挡住下面图层中的元件，若要
  对遮罩层中的对象进行编辑，则单击"时间轴"面板中的□按钮，使遮罩层中的对
  象只显示轮廓，以便对遮罩层中对象的形状、大小和位置进行调整。
- **遮罩不能重复：** 不能用一个遮罩层来遮罩另一个遮罩层。

三、任务实施

（一）创建补间动画

下面将创建补间动画，其具体操作如下。

（1）启动Flash CS6，新建一个大小为"550像素×400像素"动画文档，选择【文件】/【导
入】/【导入到舞台】菜单命令，将"背景.jpg"图像导入舞台中作为场景背景，并调整
图像的位置和大小为"550像素×400像素"，如图4-14所示。

（2）用"选择工具" 选择图像，按【Ctrl+B】组合键分散图像，选
择"套索工具" ，在"选项"区域中选择"多边形模式"，将
鼠标指针移动到图像的海水边沿处单击，然后移动鼠标指针到附
近海水边沿处再次单击，用相同的方法依次单击，选择整个海水
部分图像。

（3）按【Ctrl+X】组合键剪切海水图像，新建"图层2"，在第1帧处选择【编辑】/【粘贴
到当前位置】菜单命令，将图像粘贴到"图层2"的同一位置，然后按【F8】键，将图
像转为影片剪辑元件，如图4-15所示。

图4-14　制作背景

图4-15　剪切并粘贴图像

（4）新建"波浪"图形元件，用"钢笔工具" 绘制一条波浪形的曲线，然后复制多条并
分别移动位置，制作成布满整个舞台的"波浪"实例，返回主场景。新建"图层3"，

将"波浪"元件移动到舞台中并覆盖整个舞台，然后在第1帧处创建补间动画，分别在"图层1"~"图层3"的第100帧处按【F5】键插入帧，如图4-16所示。

（5）选择"图层3"的第100帧，向下拖曳"波浪"实例到合适的位置并添加属性关键帧，制作出波浪从上向下移动的补间动画，如图4-17所示。

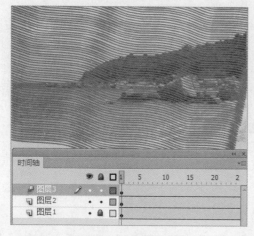

图4-16　创建补间动画

图4-17　添加属性关键帧

（二）创建遮罩动画

下面将创建遮罩动画，其具体操作如下。

（1）在"图层3"上单击鼠标右键，在弹出的快捷菜单中选择"遮罩层"命令，将"图层3"变为遮罩层，此时"图层2"将自动变为被遮罩层，如图4-18所示。

（2）在"图层2"中选择"海水"实例，按【Ctrl+C】组合键复制图形，新建"图层4"，在第1帧处按【Ctrl+Shift+V】组合键粘贴到相同位置，然后在实例的"属性"面板的"样式"下拉列表框中选择"Alpha"，并设置值为"0%"，如图4-19所示，用"任意变形工具" 向左调整海水的宽度。

微课视频

创建遮罩动画

图4-18　转换为遮罩层

图4-19　设置实例属性

（3）在"图层4"的第5、30帧处按【F6】键插入关键帧，在第5帧处单击鼠标右键，在弹出的快捷菜单中选择"创建传统补间"命令创建补间动画，在第30帧处选择"海水"实例，设置其"Alpha"值为"80%"，并用"任意变形工具"  调整其宽度大于下层海水一点点，如图4-20所示。

（4）用与步骤（3）中相同的方法分别在第31、60帧处插入关键帧，在第31~59帧处创建传统补间，在第60帧处设置"海水"实例的"Alpha"值为"0%"，并用"任意变形工具"调整其宽度，使宽度小于下层海水一点点，如图4-21所示。

图4-20　创建传统补间动画

图4-21　继续创建传统补间动画

（5）此时就完成了海浪从大海向沙滩涌动的效果，按【Ctrl+Enter】组合键测试动画效果，如图4-22所示。

图4-22　测试"海浪拍岸"动画效果

实训一　制作"枫叶飘落"动画

【实训要求】

本实训要求制作"枫叶飘落"的动画效果。本实训的参考效果如图4-23所示。

【实训思路】

要想成功地制作"枫叶飘落"的动画效果，首先需要在引导层中添加引导线，然后将需要被引导的对象分别吸附到引导线的首端与末端，最后添加传统补间动画。

微课视频

制作"枫叶飘落"动画

效果文件

"枫叶飘落"动画

图4-23 "枫叶飘落"动画

 素材所在位置 素材文件\项目四\实训一\枫树\
效果所在位置 效果文件\项目四\实训一\枫叶飘落.fla

【步骤提示】

（1）打开"枫树.fla"动画文档，选择【插入】/【新建元件】菜单命令，添加元件。

（2）按【Ctrl+R】组合键，将素材导入舞台中，并分别在"图层1"中选择第8帧和第15帧，为其添加关键帧。

（3）在"图层1"中添加传统补间动画，先选择帧，然后选择"任意变形工具"，移动鼠标指针至枫叶四周的控制点上，当鼠标指针变为⟲形状时，按住鼠标左键不放并拖曳鼠标，旋转枫叶。

（4）新建7个图层，在"图层7"上单击鼠标右键，并在弹出的快捷菜单中选择"引导层"命令，然后按住【Shift】键不放，选择"图层2"~"图层7"，并将其拖曳到引导层下方，使其成为被引导层。用"铅笔工具"在引导层中绘制多条方向、长度都不同的引导线。

（5）在"库"面板中选择"枫叶1"元件，并将其拖曳至舞台中，然后将创建的实例拖曳至一条引导线的一端，使其吸附在引导线上。

（6）添加关键帧，然后选择"枫叶1"实例，将其拖曳到引导线的末端，并使其吸附在引导线上，完成后在"时间轴"面板中创建传统补间。

（7）使用相同的方法，在"图层3"~"图层7"之间添加不同的关键帧，并分别添加不同的元件实例，然后将添加的实例分别吸附在不同的引导线上，最后为所有的图层创建传统补间。

实训二 制作"绵羊"遮罩动画

【实训要求】

　　本实训将通过遮罩层制作"绵羊"遮罩动画，实现绵羊身上的花纹随着时间的变化而变化的效果。本实训的效果如图4-24所示。

【实训思路】

　　本实训将导入素材，然后新建元件和补间动画，用于制作遮罩动画。

微课视频

制作"绵羊"遮罩动画

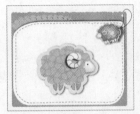  

效果文件

"绵羊"遮罩动画效果

图4-24 "绵羊"遮罩动画效果

素材所在位置 素材文件\项目四\实训二\绵羊\
效果所在位置 效果文件\项目四\实训二\绵羊遮罩动画.fla

【步骤提示】

（1）新建一个颜色为"#FFFFCC"，大小为"1200像素×850像素"的空白动画文档。按【Ctrl+R】组合键，将"背景.png"图像导入舞台中。

（2）选择【插入】/【新建元件】菜单命令新建元件。进入元件编辑窗口，导入"皮肤.png"图像，按【F8】键，将其转换为图形元件。

（3）选择【插入】/【补间动画】菜单命令，选择第100帧，按【F6】键插入关键帧，选择图像，并将其向左边移动。

（4）按【Ctrl+R】组合键，导入"羊毛.ai"图像，将导入图像后生成的"图层1"重命名为"图层2"，并调整其大小，使其与"皮肤"元件高度相同，根据"羊毛"的位置调整"图层1"中第100帧处"皮肤"元件的位置，使蓝色区域位于"羊毛"图像下方。

（5）选择"羊毛"图像，选择【修改】/【位图】/【转换位图为矢量图】菜单命令，将"羊毛"图像转换为矢量图。在"图层2"上单击鼠标右键，在弹出的快捷菜单中选择"遮罩图层"命令，将"图层2"转换为遮罩图层，"图层1"将转换为被遮罩图层。

（6）返回"场景1"，新建"图层2"。从"库"面板中将"羊毛"元件移动到舞台中间羊的身上，并缩放其大小。新建"图层3"，将"羊角.png"图像导入舞台中，缩放图像大小，将其移动到"羊头"的位置。

常见疑难问题解析

问：创建引导层动画时，动画对象为什么不沿引导线运动？

答：其原因可能是引导线有问题，如转折太多、有交叉、断点等；或是动画对象未吸附到引导线上。在创建引导层动画时，一定要确保动画对象的中心点吸附在引导线上。

问：引导层动画创建好后还能否对引导线进行修改？

答：可以，但一定要注意调整动画对象，同时要保证动画对象吸附在引导线上。

问：遮罩动画中遮罩层中的形状必须是规则形状吗？

答：也可以是不规则形状，例如使用文字作为遮罩层时，文字明显是不规则形状。遮罩形状可以是任意形状，但一定要注意，形状要保持在一定区域范围内。

拓展知识

1. 如何实现圆形轨迹的引导层动画

要实现这种效果，可以先绘制出圆形引导线，然后使用"橡皮擦工具" 将圆形引导线擦出一个小小的缺口，在创建运动动画效果时，分别将动画对象放置于缺口的两端即可。

2. 在遮罩动画中显示遮罩形状

例如，在创建放大镜动画时，放大镜与放大显示的背景图需要同时显示出来，因此可以先制作移动放大镜的动画效果，以及放大显示的背景图，然后复制放大镜移动层并作为遮罩层，将原始放大镜移动层及放大背景图层作为被遮罩层，最底层放置原始背景图层即可。

课后练习

（1）本练习将通过遮罩图层制作"卷轴画"效果。先导入素材，使用补间形状制作遮罩的卷轴动画，使用传统补间制作图像拉伸效果，然后创建遮罩图层，最终效果如图4-25所示。

效果文件

"卷轴画"效果

图4-25　"卷轴画"效果

素材所在位置　素材文件\项目四\课后练习\景物.jpg
效果所在位置　效果文件\项目四\课后练习\卷轴效果.fla

（2）本练习将制作"蜗牛滚动"动画。先导入"蜗牛滚动"素材，新建图层并制作元件。创建补间动画，调整运动路径，再在"动画编辑器"面板中添加属性关键帧，调整属性关键帧位置，添加缓动类型。使用相同的方法新建第二段补间动画，最终效果如图4-26所示。

效果文件

"蜗牛滚动"动画

图4-26　"蜗牛滚动"动画

素材所在位置　素材文件\项目四\课后练习\蜗牛滚动\
效果所在位置　效果文件\项目四\课后练习\蜗牛滚动.fla

项目五
制作有声动画

情景导入

　　米拉问老洪："客户需要我做一个Flash MTV，但我还不知道怎么在Flash动画里添加声音，你可以教我吗？""当然可以呀。"老洪继续说："在Flash动画中添加声音还是比较简单的，此外使用Adobe Media Encoder CS6还可以将AVI等格式的视频转换为Flash CS6中可以使用的FLV等视频格式，使其可以在Flash CS6中进行播放、停止播放等。"

学习目标

- 掌握在Flash CS6中导入和添加声音的方法

  如在Flash CS6中导入与添加声音、设置声音、修改或删除声音、设置声音的属性和压缩声音文件等方法。

- 掌握在Flash CS6中导入视频并进行编辑优化的方法

  如编辑使用视频、载入外部视频文件、嵌入视频文件等方法。

案例展示

▲ "有声飞机"动画

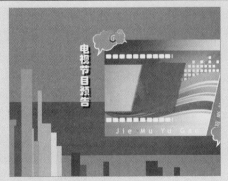

▲ "电视节目预告"动画

任务一 制作"有声飞机"动画

制作Flash动画时，如卡通短剧、Flash MTV、Flash游戏等，常常需要为其添加声音。另外，Flash动画中的一些动态按钮也需要添加生动的音效来吸引观众。本任务将制作一个有声动画——"有声飞机"动画，下面介绍其制作方法。

一、任务目标

本任务将为"有声飞机"动画添加背景音乐，使观众观看Flash动画的过程更加有趣。制作过程包括制作"有声飞机"动画，添加并编辑声音等。通过本任务的学习，用户可以掌握声音的导入及优化方法。本任务完成后的效果如图5-1所示。

素材所在位置 素材文件\项目五\任务一\飞机\
效果所在位置 效果文件\项目五\任务一\有声飞机.fla

图5-1 "有声飞机"动画

二、相关知识

本任务涉及声音的格式、导入与添加声音的方法、设置声音、修改或删除声音、"编辑封套"对话框、设置声音的属性、压缩声音文件等的相关知识，下面分别对这些知识进行介绍。

（一）声音的格式

声音的格式有很多，通常我们听歌时，接触得最多的是MP3、WMA、AAC等格式，对声音要求较高的用户则会接触到WAV、FLAC等格式。但是需要注意的是，并不是所有格式的声音文件都能导入Flash CS6中，所以在导入声音文件之前需要认识不同的声音格式，区分可以导入与不可以导入Flash CS6的声音格式，方便后面的操作。

Flash CS6可以导入WAV、MP3、AIFF、AU、ASND等多种格式的声音文件，下面分别进行介绍。

- **WAV：** 微软公司专门为Windows操作系统开发的一种标准数字音频文件的格式，这种声音格式将直接保存对声音波形的采样数据。因为数据没有经过压缩，所以声音品质很好，但是这种声音格式的文件所占用的磁盘空间很大，通常一首5分钟左右的歌曲将会占用50MB左右的磁盘空间。

- **MP3：** 这是大家熟知的一种音频编码方式，是一种压缩的音频格式。相比WAV，MP3格式占用的磁盘空间要小很多，通常5分钟左右的歌曲只会占用

5~10MB的磁盘空间。虽然MP3格式是一种压缩格式，但这种格式拥有较好的声音质量，加上占用空间较小，在网络上传输也十分方便，所以被广泛地应用于各个领域。

● **AIFF**：苹果公司开发的一种声音文件格式，这种声音格式支持MAC平台，方便在MAC平台上制作有声音的Flash动画。

● **AU**：SUN公司开发的压缩声音文件格式，只支持8bit的声音，是网络上常用到的声音文件格式。

● **ASND**：Adobe Soundbooth的本机硬盘文件格式，具有非破坏性。ASND文件还可以包含应用了效果的声音数据。

（二）导入与添加声音的方法

准备好声音文件后就可以在Flash CS6中导入声音文件。一般可将外部的声音文件先导入"库"面板中。选择【文件】/【导入】/【导入到库】菜单命令，在打开的"导入到库"对话框中选择要导入的声音文件，然后单击 打开(O) 按钮，即可完成导入声音操作。

导入完成后，打开"库"面板，选择需要添加的声音文件，并将其移动到舞台中，即可完成添加声音的操作，如图5-2所示。

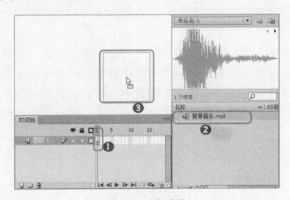

图5-2　添加声音

（三）设置声音

在为动画文档添加声音文件后，选择"时间轴"面板中包含声音文件的任意一帧，在"属性"面板中还可对声音的声道、音量等进行设置。图5-3所示为对声音效果进行设置的方法。图5-4所示为对声音同步进行设置的方法。

图5-3　设置声音效果

图5-4　设置声音同步

1. 设置声音效果

"属性"面板中的"效果"下拉列表框中包含8个选项，分别如下。

● **无**：不使用任何效果。选择此选项将删除以前应用的效果。
● **左声道**：只在左声道播放音频。
● **右声道**：只在右声道播放音频。
● **向右淡出**：声音从左声道传到右声道，并逐渐减小其幅度。
● **向左淡出**：声音从右声道传到左声道，并逐渐减小其幅度。
● **淡入**：会在声音的持续时间内逐渐增加其幅度。
● **淡出**：会在声音的持续时间内逐渐减小其幅度。
● **自定义**：自己创建声音效果，并利用音频编辑对话框编辑音频。

2. 设置声音同步

在"属性"面板中的"同步"下拉列表框中可对声音的同步属性进行设置。"同步"下拉列表框中各选项的含义及作用如下。

● **事件**：用于特定的事件，如单击按钮或添加播放代码等所触发的声音，该模式是默认的声音同步模式，可使声音与事件同步。当动画播放到声音的开始关键帧时，事件音频开始独立于"时间轴"面板播放，即使动画停止，声音也会继续播放直至完毕。
● **开始**：和"事件"模式类似，也是用于特定的触发事件。但是如果同一个动画中添加了多个声音文件，它们在时间上某些部分是重合的，在这种模式下，如果有其他的声音正在播放，到了该声音开始播放的帧时，则会自动取消该声音的播放；如果没有其他的声音在播放，该声音才会开始播放。因此使用该模式，可以避免多个声音同时播放。
● **停止**：用于停止播放指定的声音，如果将某个声音设置为"停止"模式，当动画播放到该声音的开始帧时，该声音和其他正在播放的声音都会在此时停止。
● **数据流**：用于在Flash CS6中自动调整动画和声音，使它们同步。该模式主要用于在网络上播放流式音频。在输出动画时，流式音频将混合在动画中一起输出。

（四）修改或删除声音

在图层中添加声音文件后，还可以通过"属性"面板将声音文件替换为其他的声音文件或将其删除。修改声音的方法是：在图层中选择已添加的声音文件，打开"属性"面板，并在"属性"面板的"声音"栏中单击"名称"栏右侧的下拉按钮，在弹出的下拉列表框中选择其他声音文件即可替换声音；若选择"无"选项，则可删除声音，如图5-5所示。

图5-5 修改或删除声音

（五）"编辑封套"对话框

选择声音文件后，若直接在"属性"面板中对声音进行修改，则可修改的选项较少。如果添加的音乐文件较长，就需要对声音文件进行剪辑，如果音量不合适，就需要调整音量，通常这些操作都可以在"编辑封套"对话框中进行，如图5-6所示。打开"编辑封套"对话框的方法是：在"时间轴"面板中选择包含声音文件的帧后，单击"属性"面板中的"编辑声音封套"按钮。

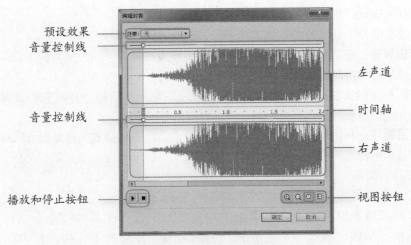

预设效果
音量控制线
左声道
音量控制线
时间轴
右声道
播放和停止按钮
视图按钮

图5-6 "编辑封套"对话框

"编辑封套"对话框中的主要功能项如下。

● **预设效果**：与"属性"面板中的"效果"下拉列表框类似，用于设置预设效果。

● **音量控制线**：用于控制音量的线。左右声道的音量可以分别控制大小，该线在最上方表示该声道的音量为100%，在最下方则表示关闭该声道的声音。如果将该线设置为斜线，则表示音量将会从大到小或从小到大进行渐变播放。

● **时间轴**：用于显示声音的长度，该时间轴上包含两个游标，用于设置声音的开始和结束位置。

● **播放和停止按钮**：单击"播放声音"按钮▶，可以播放声音，单击"停止声音"按钮■，则声音会停止播放。

● **视图按钮**：用于设置对话框中的视图，单击"放大"按钮，可以使窗口中的声音波形在水平方向上放大，便于进行更细致的调整；单击"缩小"按钮，则声音波形在水平方向上缩小；单击"秒"按钮，可以使窗口中的时间轴以秒为单位显示，这也是Flash CS6的默认显示状态；单击"帧"按钮，可以使窗口中的时间轴以帧为单位显示。

● **左/右声道**：通常立体声都包含左右两个独立声道，左声道指立体声两个独立声道中左边的声道，右声道指立体声两个独立声道中右边的声道。

（六）设置声音的属性

双击"库"面板中的声音文件图标，在打开的"声音属性"对话框中显示了声音文件的相关信息，包括文件名、文件路径、创建时间、声音的长度和大小等。如果导入的文件在外部进行了编辑，则可通过单击右侧的 更新(U) 按钮更新文件的属性。单击右侧的 导入(I)... 按钮，可以选择其他的声音文件来替换当前的声音文件。 测试(T) 按钮和 停止(S) 按钮则分别用于测试和停止声音文件的播放。

（七）压缩声音文件

Flash CS6虽然可以支持高品质的声音文件，但是品质越高的声音文件，其文件也越大，所以为了让制作出的Flash动画方便在网络上传播，需要对声音文件进行压缩，以缩小Flash动画。在制作Flash动画的过程中，减小声音文件的方法有在制作动画过程中减小声音文件和压缩声音文件两种，下面分别进行介绍。

1. 在制作动画过程中减小声音文件

在制作过程中，可以用多种方法减小声音文件，分别如下。

● **剪辑声音**：在"编辑封套"对话框中分别设置声音的开始和结束位置，或者将音频文件中的无声部分删除。

● **使用相同的文件**：在不同关键帧上尽量使用相同的音频，并对它们设置不同的效果，这样一来，只用一个音频文件就可设置多种声音。

● **使用循环**：利用循环效果将体积很小的声音文件循环播放，这是制作Flash动画的背景音乐所使用的方法。

2. 压缩声音文件

可以在"声音属性"对话框中对声音进行压缩，其方法是：在"库"面板中选择声音文件，然后单击鼠标右键，在弹出的快捷菜单中选择"属性"命令，打开"声音属性"对话框，单击"压缩"栏右侧的下拉按钮 ，打开的下拉列表框中包含了"默认""ADPCM""MP3""Raw""语音"5个压缩选项，如图5-7所示。

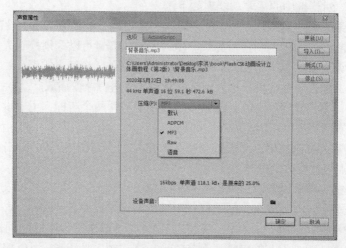

图5-7　"声音属性"对话框

选择"默认"选项将会以默认的方式压缩声音文件，而且不能进行其他设置，除"默认"外，其他4个选项的作用分别如下。

● **ADPCM**：该选项用于8位或16位声音数据的压缩设置，如单击按钮这样的短事件声音，一般选择"ADPCM"压缩方式。选择"ADPCM"选项后，将显示"预处理""采样率""ADPCM位"3个参数，"ADPCM位"用于决定在ADPCM编辑中使用的位数，压缩比越高，声音文件越小，音效也越差。

● **MP3**：因为MP3的优越品质，通常在导出像歌曲这样较长的音频文件时，建议使用"MP3"压缩方式。选择"MP3"选项后，将会在"压缩"下拉列表下方出现"使用导入的MP3品质"复选框，取消选中该复选框，将显示"预处理""比特率""品质"3个参数，分别对其进行设置即可对声音文件进行压缩。

● **Raw**：主要用于设置声音的采样率，较低的采样率可以减小文件，也会降低声音品质，Flash CS6不能提高导入声音的采样率，如果导入的音频的采样率为11kHz，输出效果也只能是11kHz的。对语音来说，5kHz的采样率是最低的可接受标准；如果需要制作音乐短片，则只需选择11kHz的采样率，这也是标准CD音质的1/4；用于

Web回放的声音常用22kHz的采样率，是标准CD音质的1/2；44kHz的采样率是标准的CD音质，通常用于对音质要求较高的Flash动画中。

● **语音：** 该压缩方式适用于设定声音的采样率对语音进行压缩，常用于动画中对音质要求不高的人物或者其他对象的配音。

三、任务实施

（一）制作"有声飞机"动画

下面制作"有声飞机"的动画，其具体操作如下。

微课视频

制作"有声飞机"动画

（1）新建一个尺寸为"1000像素×680像素"，颜色为"#0066FF"的空白动画文档，将"飞机"文件夹中的所有文件导入"库"面板中，再从"库"面板中将"背景.jpg"图像移动到舞台中。

（2）选择【插入】/【新建元件】菜单命令，打开"创建新元件"对话框，在其中设置"名称""类型"分别为"浮云1""影片剪辑"，单击 确定 按钮，如图5-8所示。

（3）在"库"面板中将"云.png"图像移动到舞台中间并将其缩小，在第360帧处按【F6】键插入关键帧，使用"选择工具" 将图像向右边移动。再将第1~360帧转换为传统补间动画，如图5-9所示。

图5-8　新建元件

图5-9　编辑"浮云1"动画

（4）新建"浮云2"影片剪辑元件，在"库"面板中将"云.png"图像移动到舞台中间并将其缩小，在第200帧处插入关键帧，并移动图像位置。再将第1~200帧转换为传统补间动画，如图5-10所示。

（5）返回主场景，在第360帧处插入关键帧。新建"图层2"，从"库"面板中将"浮云1"元件移动到舞台左上角，在第360帧处插入关键帧，将"浮云1"实例移动到舞台右边，将第1~360帧转换为传统补间动画，如图5-11所示。

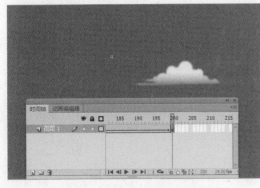

图5-10　编辑"浮云2"动画

图5-11　编辑"图层2"

（6）新建"图层3"，从"库"面板中将"浮云2"元件移动到舞台中，在第360帧处插入关键帧，将"浮云2"实例移动到舞台右边，将第1~360帧转换为传统补间动画，如图5-12所示。

（7）新建"飞机"影片剪辑元件，在元件编辑窗口中将"飞机.png"图像从"库"面板中移动到舞台中，如图5-13所示。

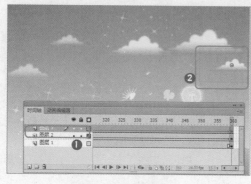

图5-12　编辑"图层3"

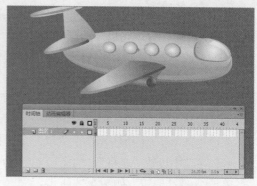

图5-13　编辑"飞机"元件

（8）返回"场景1"，新建"图层4"，从"库"面板中将"飞机"元件移动到舞台的左下角，并旋转"飞机"实例。打开"变形"面板，设置"飞机"实例的"缩放宽度""缩放高度"都为"45.0%"，将"图层4"转换为补间动画，如图5-14所示。

（9）在"时间轴"面板中选择第360帧，将"飞机"实例向舞台右上角移动，并旋转一定的角度，在"变形"面板中设置"飞机"实例的"缩放宽度""缩放高度"都为"30.0%"，如图5-15所示。

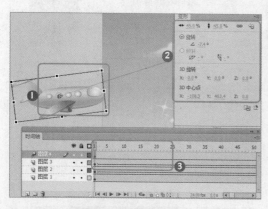

图5-14　编辑"图层4"

图5-15　编辑"飞机"实例

（二）添加并编辑声音

本部分将讲解为Flash动画添加并编辑声音的方法，其具体操作如下。

（1）新建图层，并将其重命名为"声音"图层，在第360帧处按【F6】键插入关键帧，从"库"面板中将"背景音乐.mp3"声音文件移动到舞台中，如图5-16所示。

（2）在"属性"面板中单击"编辑声音封套"按钮，打开"编辑封套"对话框，在声音波段处单击添加几个封套手柄，分别调整手柄位置，然后单击 确定 按钮，如图5-17所示。

微课视频

添加并编辑声音

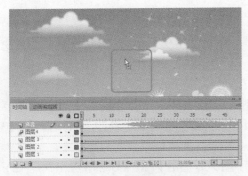
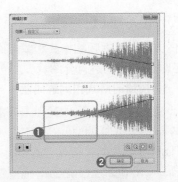

图5-16　添加声音文件　　　　　　　　　　　图5-17　编辑声音

（3）在"图层4"的第100帧处插入关键帧，沿运动路径向右上角移动"飞机"实例，在第130帧处插入关键帧，继续沿运动路径向右上角移动"飞机"实例，如图5-18所示。

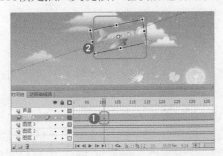
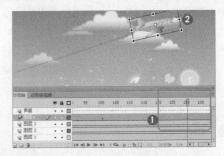

图5-18　调整补间动画的位置

任务二　制作"电视节目预告"动画

在观看电视的过程中，经常会有电视节目预告，观众通过它可以预览将要播放的内容，在Flash CS6中只需通过FLVPlayback组件便可实现视频的加载。本任务将制作"电视节目预告"动画。

一、任务目标

本任务将制作"电视节目预告"动画，主要涉及视频的格式和解码器、编辑视频、载入外部视频文件等知识。通过本任务的学习，用户可以掌握Flash视频动画的制作方法。本任务完成后的效果如图5-19所示。

素材所在位置　素材文件\项目五\任务二\电视节目预告\
效果所在位置　效果文件\项目五\任务二\电视节目预告.fla

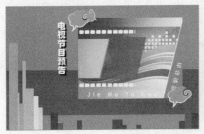

图5-19　"电视节目预告"动画

二、相关知识

本任务用到了视频的格式和编解码器、编辑使用视频、载入外部视频文件、嵌入视频文件等知识，下面分别进行介绍。

（一）视频的格式和编解码器

Flash视频动画是网页传递视频最常用的形式，在制作Flash视频动画的过程中，可以很轻松地将外部视频添加到Flash CS6中，并且添加的视频还可以与其他动画元素结合起来，形成独特的Flash动画。

在Flash CS6中要想使用视频，需要先将其导入，适用于Flash CS6的视频格式是Flash Video，通常使用.flv或.f4v作为扩展名。其中.flv是Flash旧版本中标准的视频格式，使用较旧的Sorenson Spark或On2 VP6编解码器；而.f4v则是较新的Flash Video视频格式，其支持H.264标准，可以提供更高的品质和高效的压缩。下面分别介绍这3种不同编解码器的区别。

- **H.264**：Flash Player使用此编解码器的F4V视频格式提供的品质远远高于以前的Flash视频编解码器，但所需的计算量要大于Sorenson Spark和On2 VP6视频编解码器。
- **Sorenson Spark**：在Flash Player6中引入的编解码器，如果发布要求与Flash Player6保持向后兼容的Flash文件，则应使用它。如果使用较老的计算机，则应考虑使用Sorenson Spark编解码器对FLV文件进行编码，原因是在执行播放操作时，Sorenson Spark编解码器所需的计算量比On2 VP6和H.264编解码器小。
- **On2 VP6**：创建在Flash Player8及其更高版本中使用的FLV文件时首选的视频编解码器。On2 VP6编解码器与以相同数据速率进行编码的Sorenson Spark编解码器相比，视频品质更高，支持使用8位Alpha通道来复合视频。

（二）编辑使用视频

在Flash CS6中嵌入视频或加载外部视频后，为了使视频在动画中更加美观，用户可以对视频进行编辑。

1. 更改视频剪辑属性

利用"属性"面板可以更改舞台上嵌入的视频剪辑实例的属性，为实例分配一个实例名称，并更改此实例在舞台上的宽度、高度和位置。还可以交换视频剪辑的实例，即为视频剪辑实例分配一个不同的元件。其操作方法分别如下。

- **编辑视频剪辑实例的属性**：在舞台上选择嵌入视频剪辑或链接视频剪辑的实例，在"属性"面板的"名称"文本框中输入实例名称；在"位置和大小"栏中输入X值和Y值更改实例在舞台上的位置，输入宽和高的值更改视频实例的尺寸，如图5-20所示。
- **查看视频剪辑的属性**：在"库"面板中选择一个视频剪辑后的文件，单击鼠标右键，在弹出的快捷菜单中选择"属性"命令，或单击位于"库"面板底部的"属性"按钮，打开"视频属性"对话框，在其中可查看视频的属性，如图5-21所示。

知识
提示

编辑视频文件

　　将视频内容直接嵌入Flash动画中会显著增大最终发布的文件，该方法仅适合于小的视频文件。此外，在Flash动画中嵌入较长视频剪辑时，音频到视频的同步（也称作音频/视频同步）会变化，即变得不同步。综上所述，在制作Flash视频动画时，需要先对视频素材进行编辑和裁剪，以达到Flash动画要求的格式和效果。

图5-20　编辑视频剪辑实例的属性

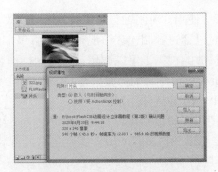

图5-21　查看视频剪辑的属性

● **使用FLV或F4V文件替换视频**：在"属性"对话框中单击 导入... 按钮，在打开的"打开"对话框中选择FLV或 F4V文件，然后单击 打开(O) 按钮即可，如图5-22所示。

● **更新视频**：在"库"面板中选择视频剪辑，单击"属性"按钮 ⓘ，在打开的"视频属性"对话框中单击 更新 按钮，即可更新当前视频，如图5-23所示。

图5-22　使用FLV或F4V文件替换视频

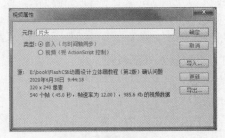

图5-23　更新视频

2. 编辑FLVPlayback 组件

使用FLVPlayback组件加载外部视频时，可以通过对该组件的参数进行更改来编辑视频。将FLVPlayback组件拖曳到舞台上，并在舞台中选择FLVPlayback组件，在"属性"面板中可以打开组件参数。其操作方法如下。

● **选择外观**：在"skin"选项后单击 ✐ 按钮，打开"选择外观"对话框，在其中可以选择外观和颜色，如图5-24所示。

● **更改参数**：在"属性"面板中的"组件参数"栏中可以对组件的播放方式、控件显示等参数进行设置，如图5-25所示。

图5-24　选择外观

图5-25　更改参数

3．使用"时间轴"面板控制视频播放

可以通过控制包含该视频的"时间轴"面板来控制嵌入的视频文件。如要暂停在主时间轴上播放的视频，可以调用将该时间轴作为目标的stop动作。同样，可以通过控制某个影片剪辑元件的时间轴的播放来控制该元件中的视频对象。

4．使用视频提示点

使用视频提示点设置在视频中的特定时间触发事件，在Flash CS6中可以为FLVPlayback 组件加载的视频添加ActionScript提示点。其操作方法为：选择舞台中的FLVPlayback组件，然后在"属性"面板中单击➕按钮，或者在组件上单击鼠标右键，在弹出的快捷菜单中选择"添加提示点"命令，添加提示点，如图5-26所示。另外，在"属性"面板中还可以更改提示点的名称和时间。

图5-26　添加提示点

（三）载入外部视频文件

在找到了正确的视频格式后，就可以将视频导入Flash文件中了。将视频导入Flash文件中有两种方法，通常为了使Flash文件不至于"臃肿"，使用载入外部视频文件的方法将视频导入Flash文件中。将外部视频导入Flash文件中也有两种方法，分别是直接导入外部视频和添加视频外观后导入视频，下面分别进行介绍。

1．直接导入外部视频

直接导入外部视频与将其他各类素材导入到Flash文档中类似，不同的是需要设置部分选项。选择【文件】/【导入】/【导入视频】菜单命令，打开"导入视频"对话框，在"选择视频"界面中单击选中"使用播放组件加载外部视频"单选项，然后单击 下一步> 按钮，选择一个视频文件然后单击 下一步> 按钮；打开"设定外观"对话框，单击"外观"栏右侧的下拉按钮，在弹出的下拉列表中选择"SkinOverPlayStopSeekMuteVol.swf"选项，然后单击 下一步> 按钮，根据提示完成每步操作即可，如图5-27所示。

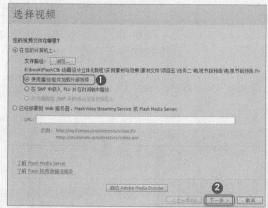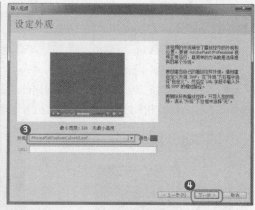

图5-27　直接导入外部视频

2．添加视频外观后导入视频

在选择了播放器的外观后，可以通过修改播放器外观的属性来修改视频，还可以通过设置视频外观的属性来将外部视频导入Flash文件中。其方法为：选择【窗口】/【组件】菜单命令，打开"组件"面板，展开"Video"文件夹，选择"FLVPlayback"选项；将其拖曳到场景中，此时在场景中将创建一个不包含视频的视频外观，如图5-28所示；然后可以在"属

性"面板中进行视频的导入。

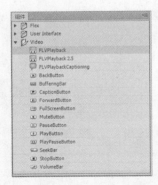

图5-28　添加的视频外观

（四）嵌入视频文件

载入外部视频文件不会将视频文件本身导入Flash文件中，若需要将视频文件本身导入Flash文件中，则可将视频文件嵌入Flash文件中。选择【文件】/【导入】/【导入视频】菜单命令，在打开的"导入视频"对话框中选择需要的视频文件，然后选中"在SWF中嵌入FLV并在时间轴中播放"单选项，单击 下一步> 按钮；在"嵌入"界面的"符号类型"下拉列表框中可以选择"嵌入的视频""影片剪辑""图像"等选项中的一个，单击 下一步> 按钮，然后根据提示完成每一步操作，如图5-29所示。

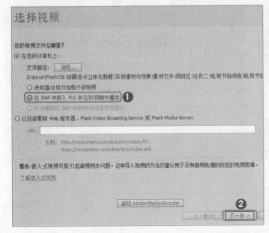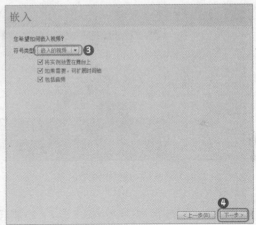

图5-29　嵌入视频文件

三、任务实施

制作"电视节目预告"动画的具体操作如下。

(1) 新建一个尺寸为"1000像素×651像素"的空白动画文档，将"背景.jpg"图像文件导入舞台中，并锁定"图层1"，新建"图层2"。

(2) 选择【文件】/【导入】/【导入视频】菜单命令，打开"导入视频"对话框，单击 浏览… 按钮，在打开的"打开"对话框中选择"电视节目预告.flv"，单击 下一步> 按钮，如图5-30所示。

(3) 在打开的对话框中设置"外观""颜色"分别为"SkinOverPlayStopSeekMuteVol.swf"

微课视频

制作"电视节目预告"
动画

"#009999"，单击 下一步> 按钮，在打开的界面中单击 完成 按钮，如图5-31所示。

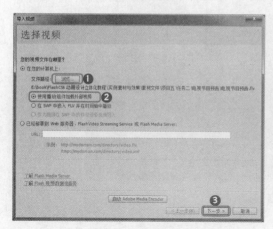

图5-30 选择视频

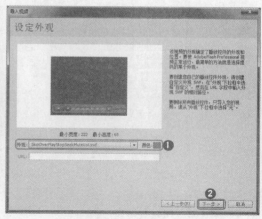

图5-31 设置外观

（4）使用"选择工具" 将导入的视频移动到舞台右边，选择导入的视频，在"属性"面板中设置其"宽""高"分别为"490.00""367.50"，展开"组件参数"列表框，选中"skinAutoHide"复选框，隐藏视频播放时间轴，如图5-32所示。

（5）锁定"图层2"，新建"图层3"，将"边框.png"图像导入舞台中，将其缩小后，复制两个边框图像，将其分别放置在视频左上角和右下角，装饰视频，如图5-33所示。

图5-32 调整视频大小

图5-33 添加图像

> **知识提示**
>
> **视频控制语句**
>
> 可以对影片剪辑中导入的视频对象应用以下语句：goTo、play、stop、toggleHighQuality、stopAllSounds、getURL、FScommand、loadMovie、unloadMovie、ifFrameLoaded、onMouseEvent。关于这些语句的使用方法，将在第7章中进行具体讲解。

（6）选择"文本工具" T，在视频左边绘制一个文本容器，在其中输入"电视节目预告"文本，在"属性"面板中设置"改变文本方向""系列""大小""颜色"分别为"垂直""华文琥珀""39.0点""#FFFFFF"，如图5-34所示。

（7）在"属性"面板中展开"滤镜"列表框，单击其下方的 按钮，在弹出的下拉列表中选择"投影"选项，在"属性"栏中设置"距离"为"10像素"，如图5-35所示，完成动画的制作。

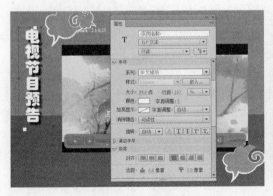 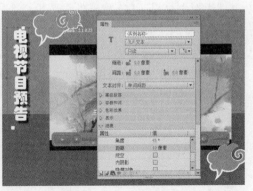

图5-34　输入并编辑文本　　　　　　　　图5-35　为文本设置滤镜效果

实训一　制作"儿童网站进入界面"动画

【实训要求】

本实训将制作"儿童网站进入界面"动画，要求制作一个按钮元件，添加单击按钮时发出声音的效果。本实训的参考效果如图5-36所示。

【实训思路】

在制作时，需要先添加背景，然后进行按钮元件的制作，最后为其添加声音。

图5-36　"儿童网站进入界面"动画

　素材所在位置　素材文件\项目五\实训一\儿童网站\
　效果所在位置　效果文件\项目五\实训一\儿童网站进入界面.fla

【步骤提示】

（1）新建一个尺寸为"1000像素×700像素"的空白文档，将"儿童网站"文件夹中的所有文件都导入"库"面板中，再从"库"面板中将"背景.jpg"图像移动到舞台中作为背景。

（2）选择【插入】/【新建元件】菜单命令，打开"创建新元件"对话框，在其中设置"名称""类型"分别为"按钮""按钮"，单击 确定 按钮，进入元件编辑窗口。

（3）从"库"面板中将"按钮2.png"图像移动到舞台中间，按【F6】键插入关键帧。从"库"面板中将"按钮1.png"图像移动到舞台中间，按【F6】键插入关键帧。

（4）新建"图层2"，选择"点击"帧，按【F6】键插入关键帧。选择【窗口】/【属性】菜单命令，打开"属性"面板。在"声音"栏中的"名称"下拉列表框中选择"单击.mp3"选项。

（5）返回"场景1"，从"库"面板中将按钮移动到舞台右上角，并缩放其大小。按【Ctrl+Enter】组合键测试动画，当单击"进入"按钮时，会发出使用鼠标时的单击声。

实训二　制作明信片

【实训要求】

　　赠送明信片是亲朋好友之间表达祝福的一种方式，本实训将制作明信片，效果如图5-37所示。

【实训思路】

　　本实训将编辑明信片中的背景声音，先设置声音的起始和结束位置，然后修改声音音量。

微课视频

制作明信片

图5-37　明信片

效果文件

明信片

素材所在位置　素材文件\项目五\实训二\明信片.fla
效果所在位置　效果文件\项目五\实训二\明信片.fla

【步骤提示】

（1）打开"明信片.fla"动画文档，在"时间轴"面板中选择"图层2"的第1帧，选择【窗口】/【属性】菜单命令，打开"属性"面板，在其中单击 ✎ 按钮。

（2）打开"编辑封套"对话框，在左边标尺处拖曳游标，调整音频的起始位置。将对话框下方的滚动条滑动到最右边显示音频的结束位置，使用相同的方法将游标移动到6.5s的位置。

（3）在音频波段处单击添加几个封套手柄，分别调整手柄位置，控制声音播放时音量的大小。向上即为增大音量，向下即为减小音量。完成后单击 确定 按钮。

（4）在"属性"面板中的"声音循环"下拉列表框中选择"循环"选项。

常见疑难问题解析

问：为什么在导入MP3格式的声音文件时，Flash CS6提示该素材无法导入？

答：可能是MP3格式的声音文件自身的问题，或Flash CS6不支持该文件的压缩码率。解决方法是：使用专门的音频转换软件，将MP3格式的声音文件转换为WAV格式的声音文件，或将MP3格式的声音文件的压缩码率重新转换为44kHz、128kbit/s后再导入。

问：将声音素材应用到动画后，为什么声音的播放和动画不同步？应如何处理？

答：这是因为没有正确地设置声音的播放方式。解决方法是：在"属性"面板的"同步"下拉列表框中，将声音的播放方式设置为"数据流"，然后根据声音的播放情况，对动画中相应帧的位置进行适当调整。

问：为什么将视频转换为FLV格式后，在采用"在SWF中嵌入FLV并在时间轴中播放"方式放置视频文件时会出错？

答：出现这种情况的原因可能是转换的视频太长，采用"在SWF中嵌入FLV并在时间轴中播放"方式放置视频文件，除了要求该视频是FLV格式的视频文件外，还需要保证视频较短，否则就会出现题中所说的问题。

问：为什么在导入视频时，单击 启动 Adobe Media Encoder 按钮时提示出错？

答：这是因为在安装Flash CS6时未选择安装Adobe Media Encoder软件，或者所下载的Flash CS6软件是精简版（不包括该软件）。

拓展知识

1. 使用拖曳法为"时间轴"面板添加声音

在"时间轴"面板中选择要添加声音的帧，然后从"库"面板中拖曳声音文件到舞台中，即可完成为"时间轴"面板添加声音的操作。

2. F4V与FLV的区别

F4V是Adobe公司为了迎接高清时代而推出的继FLV格式后支持H.264的流媒体格式。它和FLV的主要区别在于，FLV格式采用的是H.263编码，而F4V则支持H.264编码的高清视频，码率最高可达50Mbit/s。主流的视频网站（如爱奇艺、优酷、腾讯）都开始用H.264编码的F4V文件，相同文件大小的情况下，F4V文件的清晰度明显比On2 VP6和H.263编码的FLV文件要高。

课后练习

（1）本练习将制作情人节贺卡，首先导入素材，制作元件并为元件设置混合效果，然后编辑"时间轴"面板，将元件放入"时间轴"面板中，最后插入声音，并将声音音量调小后循环播放。完成后的效果如图5-38所示。

图5-38　情人节贺卡

　素材所在位置　素材文件\项目五\课后练习\情人节贺卡\
效果所在位置　效果文件\项目五\课后练习\情人节贺卡.fla

（2）本练习将制作风景视频，首先导入"风景"素材，再新建两个图层，分别将两段风景视频嵌入"时间轴"面板中，绘制边框，然后为边框设置"发光"滤镜，添加说明文本，最后为视频添加循环的背景音乐。完成后的效果如图5-39所示。

图5-39　风景

　素材所在位置　素材文件\项目五\课后练习\风景\
效果所在位置　效果文件\项目五\课后练习\风景.fla

项目六
制作3D动画和骨骼动画

情景导入

米拉问老洪："使用Flash CS6能制作像人物行走之类的骨骼动画与3D动画吗？"老洪自豪地说："当然可以，利用反向运动可以轻松制作人物的行走动画。"米拉挠着头问："反向运动？"老洪解释道："Inverse Kinematics（反向运动），简称IK，依据反向运动学的原理对层次连接后的复合对象进行运动设置。如果还是不明白，现在通过具体的实例来学习吧！"

学习目标

- 认识3D动画
  如什么是3D动画、3D动画中的元素等。

- 掌握3D工具的基本操作方法
  如"Deco工具""3D旋转工具""3D平移工具"等。

- 掌握"骨骼工具"的基本操作方法
  如骨骼动画、反向运动的相关知识及编辑骨骼的方法等。

案例展示

▲ "3D照片墙"动画

▲ "游戏场景"动画

任务一 制作"3D照片墙"动画

Flash CS6具有3D功能，其效果虽然不能与专业的3D动画制作软件相比，但能制作一般的3D动画。使用Flash CS6中的3D工具可以在补间动画中对影片进行剪辑并创建3D动画，让图像看起来更加立体。本任务将制作一段3D动画。

一、任务目标

本任务将制作一段3D动画，主要涉及3D工具的使用、3D补间动画的创建、消灭点和透视角度的使用等知识。通过本任务的学习，用户可以掌握使用"Deco工具"绘图的方法和3D动画的制作方法，本任务完成后的效果如图6-1所示。

素材所在位置 素材文件\项目六\任务一\3D照片墙.fla
效果所在位置 效果文件\项目六\任务一\3D照片墙.fla

图6-1 "3D照片墙"动画

二、相关知识

本任务用到了"Deco工具""3D平移工具""3D旋转工具"，并涉及3D补间动画的创建等知识，下面分别对其进行介绍。

（一）认识3D动画

3D动画也叫三维动画。在Flash旧版本中，舞台的坐标体系是平面的，只有二维的坐标轴，即水平方向（x）和垂直方向（y），用户只需确定x、y的坐标即可确定对象在舞台上的位置。Flash CS6引入了三维定位系统，增加一个坐标轴z，那么在3D定位中要确定对象的位置，就需要确定x、y、z这3个坐标，如图6-2所示。

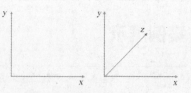

图6-2 二维和三维坐标轴

（二）3D动画元素

3D动画是在补间动画中创建的，并且通过3D空间对影片剪辑实例创建3D动画效果。因此，3D动画的重要元素包括3D空间、影片剪辑和补间动画。下面分别对其作用进行讲解。

● **3D空间**：Flash CS6在每个影片剪辑实例的属性中用z轴表示3D空间，3D空间包括全局3D空间和局部3D空间。全局3D空间即舞台空间，全局变形和平移操作都与舞台相关；局部3D空间即影片剪辑空间，局部变形和平移操作与影片剪辑空间相关，如

图6-3所示。

- **影片剪辑：** 影片剪辑拥有各自独立于主时间轴的多帧时间轴。可以将多帧时间轴看作嵌套在主时间轴内创建的影片剪辑实例。影片剪辑实例是3D动画中重要的元素，只能使用影片剪辑创建3D动画。Flash CS6允许用户通过在舞台的3D空间中移动和旋转影片剪辑来创建3D效果，如图6-4所示。

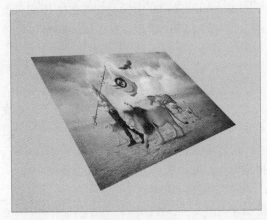

图6-3 3D空间

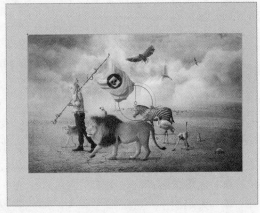

图6-4 影片剪辑

- **补间动画：** 补间动画功能强大且易于创建3D动画。用户能对补间后的3D动画进行最大程度的控制，通过为一个帧中的3D对象属性指定一个值并为另一个帧中的同一3D对象属性指定另一个值来创建动画，如图6-5所示。

图6-5 补间动画

（三）3D工具的使用

Flash CS6中的3D动画创建在补间动画的基础上，并对影片剪辑实例应用3D效果，因此，Flash CS6中的3D工具主要用于对影片剪辑实例进行操作。

1. "Deco工具"

使用"钢笔工具""铅笔工具"等绘制图形会存在一定的局限性。为了打破这一局限，用户可以选择使用"Deco工具"绘制Flash CS6预设的一些几何形状或图案。

（1）"绘制效果"选项

在"Deco工具" 的"属性"面板中选择"绘制效果"栏，它提供了13种绘制效果，在其中可设置其颜色和图案。下面分别对13种绘制效果进行介绍。

- **藤蔓式填充**：使用藤蔓式填充可以在舞台、元件或封闭区域中填充藤蔓图案，在绘制大面积藤蔓式重复的相关背景时经常会使用到。
- **网格填充**：使用网格填充可以创建用棋盘图案、平铺背景或自定义图案填充的区域。在舞台中填充网格后，如果改变填充元件的大小和位置，网格填充效果也会跟着移动和改变大小。
- **对称刷子**：使用对称刷子可以创建圆形图案（如模拟钟面或仪表刻度盘）和漩涡图案。当"高级选项"为"旋转"时，在中心对称点周围单击，可绘制出中心对称的矩形，选择其他工具，中心点消失。
- **3D刷子**：使用3D刷子可以在舞台上对某个元件涂色，使其具有3D透视效果。在舞台上按住鼠标左键不放拖曳绘制出的图案为无数个图形对象，且有透视感。
- **建筑物刷子**：使用建筑物刷子可以在舞台上绘制建筑物，通过设置参数还可以修改建筑物的外观与大小。将鼠标指针移动到舞台上，按住鼠标左键不放，由下向上拖曳到合适的位置绘制出建筑物，松开鼠标创建出建筑物顶部。
- **装饰性刷子**：使用装饰性刷子可以绘制装饰线，如点线、波浪线及其他线条。
- **火焰动画**：使用火焰动画可以生成一系列的火焰逐帧动画。
- **火焰刷子**：火焰刷子和火焰动画的效果基本相同，只是火焰刷子的作用范围仅仅是当前帧。
- **花刷子**：使用花刷子可以绘制出带有层次的花。在舞台中拖曳可以绘制花图案，拖曳得越慢，绘制的图案越密集。
- **闪电刷子**：使用闪电刷子可以绘制出闪电效果。
- **粒子系统**：使用粒子系统可制作由粒子组成的图像的逐帧动画，如气泡、烟和水等。
- **烟动画**：使用烟动画可以制作烟雾飘动的逐帧动画。
- **树刷子**：树刷子用于创建树状插图。在舞台上按住鼠标左键不放，由下向上快速拖曳，绘制出树干；然后减慢拖曳的速度，绘制出树枝和树叶，直到松开鼠标。在绘制树叶和树枝的过程中，拖曳得越慢，绘制的树叶越茂盛。

（2）"Deco工具"的绘制方法

在工具箱中选择"Deco工具"，在"属性"面板的"绘制效果"栏中选择"藤蔓式填充"选项，再在舞台上单击进行填充，效果如图6-6所示。选择"树刷子"选项，效果如图6-7所示。

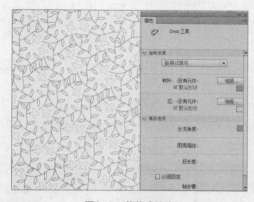

图6-6　藤蔓式填充

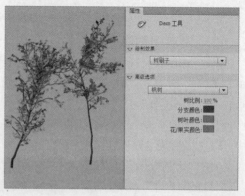

图6-7　树刷子

（3）编辑"Deco工具"的绘制效果

用户可以对"Deco工具"的"属性"面板中的部分"绘制效果"进行编辑。其方法是：先绘制图像中需要的元素，并分别转换为图形元件，然后在"属性"面板的"绘制效果"栏中单击 编辑... 按钮，在打开的"选择元件"对话框中选择对应元件，如图6-8所示，单击 确定 按钮完成编辑。然后在"高级选项"栏中设置相关选项，再在舞台上单击，效果如图6-9所示。

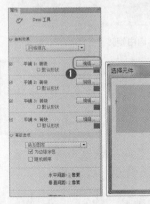
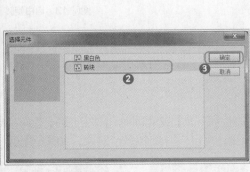

图6-8　编辑绘制效果　　　　　　　　　　　图6-9　绘制图形

2. "3D旋转工具"

使用"3D旋转工具"可以在3D空间中旋转影片剪辑元件。3D旋转控件出现在舞台上的选定对象上，其中x轴控件为红色、y轴控件为绿色、z轴控件为蓝色，使用橙色的自由旋转控件可同时绕x轴、y轴和z轴旋转对象。

"3D旋转工具"的默认模式为"全局转换"，在全局3D空间中旋转对象与相对舞台旋转对象等效。在局部3D空间中旋转对象与相对父影片剪辑（如果有）移动对象等效。使用"3D旋转工具"旋转对象的方法如下。

● **绕x轴旋转**：将鼠标指针移动到x轴红色控件上，当鼠标指针变为▶x形状时，长按鼠标左键并拖曳，以x轴为对称轴旋转影片剪辑元件，如图6-10所示。

● **绕y轴旋转**：将鼠标指针移动到y轴绿色控件上，当鼠标指针变为▶y形状时，长按鼠标左键并拖曳，以y轴为对称轴旋转影片剪辑元件，如图6-11所示。

图6-10　绕x轴旋转　　　　　　　　　　　图6-11　绕y轴旋转

● **绕z轴旋转**：将鼠标指针移动到z轴蓝色控件上，当鼠标指针变为▶z形状时，长按鼠标左键并拖曳，以z轴为对称轴旋转影片剪辑元件，如图6-12所示。

● **自由旋转**：将鼠标指针移动到最外圈的橙色控件上，当鼠标指针变为▶形状时，长按鼠标左键并拖曳，同时绕x轴、y轴和z轴旋转影片剪辑元件，如图6-13所示。

图6-12　绕z轴旋转

图6-13　自由旋转

多学
一招

"变形"面板

用"部分选取工具"　选择影片剪辑元件，打开"变形"面板，设置"3D旋转"栏中的X、Y、Z值，如图6-14所示。

● **同时旋转多个对象**：按住【Shift】键的同时用"3D旋转工具"　选择多个对象，然后长按鼠标左键并拖曳，可以同时旋转多个对象，如图6-15所示。

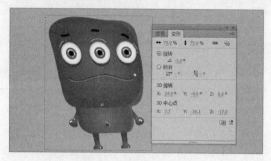

图6-14　"变形"面板

图6-15　同时旋转多个对象

3. "3D平移工具"

可以使用"3D平移工具"　在3D空间中移动影片剪辑元件，在使用该工具选择影片剪辑元件后，影片剪辑元件的 x 轴、y 轴将显示在舞台对象的中心。

"3D平移工具"的默认模式是"全局转换"，在全局3D空间中移动对象与相对舞台移动对象等效，在局部3D空间中移动对象与相对父影片剪辑（如果有）移动对象等效。

（四）创建3D补间动画

3D补间动画是基于补间动画创建的，即需要先为影片剪辑元件实例创建补间动画（不能是传统补间动画），然后才能创建3D补间动画，如图6-16所示。

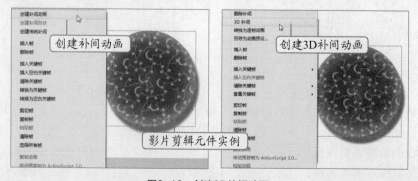

图6-16　创建3D补间动画

创建3D补间动画后，即可像编辑补间动画一样，在补间范围中选择帧，并使用"3D平移工具"或"3D旋转工具"，再结合"属性"面板中的"滤镜"进行3D动画效果的制作。

（五）消失点和透视角度

在2D平面上是利用透视图呈现3D效果的，正确的透视图依赖消失点和透视角度，下面分别对其进行介绍。

● **消失点**：确定水平平行线会聚于何处。如需绘制一条铁轨时，铁轨应该于何处会聚于一点并消失。默认情况下，Flash CS6的消失点在舞台的中心。选择已经进行了3D旋转的对象后，打开"属性"面板，在该面板的"3D定位和查看"栏中可查看和修改定位点和消失点位置，如图6-17所示。

● **透视角度**：决定平行线能多快地会聚于消失点，透视角度越大，会聚得越快，透视角度越小，会聚得越慢，图6-18所示为当增大了透视角度的值后，在消失点不变的情况下，图像将会更快地会聚于消失点。

图6-17　查看、修改定位点和消失点的位置

图6-18　修改透视角度

三、任务实施

（一）绘制场景元素

下面使用"Deco工具"绘制动画场景，其具体操作如下。

微课视频

绘制场景元素

（1）打开"照片墙.fla"动画文档，选择"Deco工具" ，在"属性"面板中的"绘制效果"栏中选择"网格填充"选项，然后单击 编辑 按钮，在打开的"选择元件"对话框中选择"砖块"选项，单击 确定 按钮完成"平铺1"的设置，如图6-19所示。

（2）用相同的方法编辑"平铺2"~"平铺4"，在"高级选项"栏中选择"砖形图案"选项，并选中"为边缘涂色"复选框，设置"水平间距"与"垂直间距"均为"2像素"，然后在舞台中单击，绘制出背景墙面，如图6-20所示。

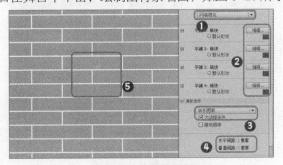

图6-19　编辑绘制效果　　　　　　图6-20　绘制背景墙面

113

（3）新建"图层2"，选择"Deco工具" ，编辑"平铺1"~"平铺4"为"黑白色"元件，在"高级选项"栏中选择"平铺图案"选项，并取消选中"为边缘涂色"复选框，设置"水平间距"和"垂直间距"均为"0像素"，在舞台上单击，绘制黑白砖形图案，然后用"选取工具" 选择"黑白色"选项，按【F8】键转换为"地面""影片剪辑"元件，如图6-21所示。

（4）选择"3D旋转工具" ，在"地面"实例上单击，将鼠标指针移动到 x 轴红色控件上，当鼠标指针变为 形状时，长按鼠标左键并拖曳，以 x 轴为对称轴旋转元件，如图6-22所示。

图6-21　绘制地面

图6-22　3D旋转地面

（5）分别在"图层1""图层2"的第200帧处按【F5】键插入帧，然后锁定"图层1""图层2"。

（二）制作3D补间动画

下面将使用"3D旋转工具"制作照片元件，并制作3D补间动画，其具体操作如下。

微课视频

制作3D补间动画

（1）新建"图层3"，从"库"面板中将"奔跑.jpg"图像移动到舞台上，按【F8】键，在打开的"转换为元件"对话框中设置"名称""类型"分别为"奔跑""影片剪辑"，然后单击 确定 按钮转换为影片剪辑元件，如图6-23所示。

（2）用"选择工具" 选择"奔跑"实例，在"属性"面板中的"滤镜"栏中单击"添加滤镜"按钮 ，在弹出的下拉列表中选择"投影"选项添加投影效果，如图6-24所示。

图6-23　转换为影片剪辑元件

图6-24　添加"投影"滤镜

（3）用"3D旋转工具" 选择"奔跑"实例，将鼠标指针移动到 x 轴红色控件上，当鼠标指针变为 形状时，向左拖曳鼠标，以 x 轴为对称轴旋转实例，让其平铺在地面上，如图6-25所示。

（4）在第90帧处按【F6】键插入关键帧，在第90~200帧处单击鼠标右键，在弹出的快捷菜单中选择"创建补间动画"命令创建补间动画，选择第125帧，然后用"选择工具" 移动实例的位置，如图6-26所示。

图6-25　旋转图像

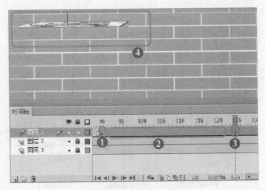

图6-26　制作补间动画

（5）用"3D旋转工具" 选择实例，将鼠标指针移动到 *x* 轴红色控件上，当鼠标指针变为 形状时，向右拖曳鼠标，以 *x* 轴为对称轴旋转实例，让其平铺在墙面上，如图6-27所示。

（6）新建"图层4""图层5"，分别将"库"面板中的"吹笛.jpg""挑灯.jpg"图像移动到"图层4""图层5"的舞台中，并转换为影片剪辑元件，用相同的方法对其添加"投影"滤镜，然后用"3D旋转工具" 旋转图像，让其平铺在地面上，如图6-28所示。

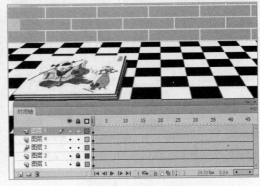

图6-27　旋转图像

图6-28　制作元件实例

多学一招　　　**使用"动画编辑器"面板编辑 3D 补间**

　　使用"动画编辑器"面板可以查看所有补间属性及其属性关键帧，可以对X、Y、Z属性的各个属性关键帧启用浮动，并可以在属性曲线上为其添加和删除控制点。

　　通常，最好通过编辑舞台上的运动路径来编辑补间的X、Y、Z属性，使用"动画编辑器"面板对属性值进行较小的调整，或者将其属性关键帧移动到补间范围的其他帧处。

（7）在"图层4"的第55帧处插入关键帧，并创建补间动画，在第90帧处用"选择工具" 移动"吹笛"实例的位置，然后用"3D旋转工具" 旋转图像，让其平铺在墙面上，如图6-29所示。

（8）在"图层5"的第20帧处插入关键帧，并创建补间动画，在第55帧处用"选择工具" 移动"挑灯"实例的位置，然后用"3D旋转工具" 旋转图像，让其平铺在墙面上，如

图6-30所示。

图6-29　制作"吹笛"实例的补间动画　　　　图6-30　制作"挑灯"实例的补间动画

（9）选择【文件】/【另存为】菜单命令，将动画文档另存为"照片墙动画.fla"，然后按【Ctrl+ Enter】组合键测试动画，效果如图6-31所示。

图6-31　"3D照片墙"动画效果

任务二　制作"游戏场景"动画

　　使用Flash CS6的"骨骼工具"，可以很便捷地把符号（Symbol）连接起来，形成"父子关系"，并通过反向运动，使元件实例和形状对象按复杂而自然的方式移动。本任务将使用"骨骼工具"制作一个"游戏场景"动画。

一、任务目标

　　本任务将练习制作骨骼动画，制作时主要涉及骨骼动画、反向运动，以及添加骨骼、编辑IK骨骼和对象、处理骨骼动画、编辑IK动画属性的方法等知识。通过本任务的学习，用户可以掌握骨骼动画的制作方法，本任务完成后的效果如图6-32所示。

素材所在位置　素材文件\项目六\任务二\游戏场景\
效果所在位置　效果文件\项目六\任务二\游戏场景.fla

效果文件

"游戏场景"动画

图6-32　"游戏场景"动画

二、相关知识

本任务的相关知识包括骨骼动画、反向运动，以及添加骨骼、编辑IK骨骼和对象、处理骨骼动画和编辑IK动画属性的方法等，下面分别进行介绍。

（一）认识骨骼动画

骨骼动画也叫反向运动，通过骨骼关节结构对一个对象或彼此相关的一组对象进行动画处理。使用骨骼工具可以更加轻松地创建人物动画，如胳膊、腿的运动和面部表情。元件实例和形状对象可以按复杂而自然的方式移动，即只需做很少的设计工作便能得到流畅的动画效果。

骨骼链称为骨架，在同一骨架里的骨骼存在父子关系，在这个父与子的层次结构中，骨架中的骨骼彼此相连。骨架可以是线性的或分支的。源于同一骨骼的骨架分支称为同级；骨骼之间的连接点称为关节。

（二）认识反向运动

反向运动是指依据反向运动学的原理对按层次连接后的复合对象进行运动设置，先确定子骨骼的位置，然后反向推导出其所在骨架上级的父骨骼的位置，从而确定整个骨架的方法。与正向运动不同，运用反向运动系统控制层次末端对象的运动，系统将自动计算此变换对整个层次的影响，并据此完成复杂的复合动画。

要使用反向运动，需要对单独的元件实例或在单个形状的内部添加骨骼。添加骨骼后，在一个骨骼移动时，与启动运动的骨骼相关的其他连接骨骼也会移动。使用反向运动进行动画处理时，只需指定对象的开始位置和结束位置即可。通过制作反向运动动画，可以更加轻松地制作自然运动动画。在Flash CS6中可以按以下两种方式使用反向运动。

- **图像内部**：向形状对象的内部添加骨架。可以在合并绘制模式或对象绘制模式下创建形状。通过添加骨骼，可以移动形状的各个部分并对其进行动画处理，而无须绘制形状的不同部分或创建补间形状。例如，为简单的蛇图形添加骨骼，可以使蛇逼真地移动和弯曲。
- **连接实例**：通过添加骨骼将每个实例与其他实例连接在一起，即用关节连接一系列元件实例。骨骼允许元件实例连在一起移动。例如，有一组影片剪辑元件，其中的每一个影片剪辑元件都表示人体的不同部分。通过将躯干、上臂、下臂和手连接在一起，可以创建逼真的人体移动效果，还可创建一个包括两条胳膊、两条腿和头的分支骨架。

（三）添加骨骼

除了设置反向运动外，还可使用"骨骼工具"为元件实例和形状添加骨骼。使用"绑定工具"可以调整形状对象的各个骨骼和控制点之间的关系。下面分别介绍这两种工具的使用方法。

1. 骨骼工具

在工具箱中选择"骨骼工具"后，可为元件实例或矢量图形添加骨骼。为元件实例添加骨骼时，单击要成为父级的元件实例，然后按住鼠标左键，将鼠标指针拖曳到子级元件实例中后再释放鼠标。在拖曳的过程中会显示骨骼，释放鼠标，在两个元件实例之间将显示实心的骨骼，每个骨骼都具有头部、圆端和尾部（尖端），如图6-33所示。还可继续为骨骼添加其他骨骼，若要添加其他骨骼，可以使用"骨骼工具"从第一个骨骼的尾部拖曳鼠标指针到要添加骨骼的下一个元件实例上。鼠标指针在经过现有骨骼的头部或尾部时会发生改变。最后即可按照要创建的父子关系的顺序，将对象与骨骼连接在一起。

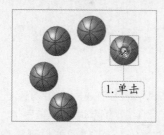

图6-33　创建骨骼

除了连接骨骼外，还可在根骨骼上连接多个实例以创建分支骨架，分支可以连接到根骨骼上，但不能直接连接到其他分支上。使用"骨骼工具"单击现有骨骼的头部，然后拖曳鼠标指针到创建新分支的第一个骨骼上，如图6-34所示。

图6-34　创建分支骨架

为矢量图形创建骨架时，需要选择全部矢量图形（所有形状必须是一个整体），再选择"骨骼工具"并在形状内定位，按住鼠标左键拖曳鼠标指针到矢量图形的其他位置后释放鼠标，此时在单击的点和释放鼠标的点之间将显示一个实心骨骼，如图6-35所示。创建其他骨骼及创建分支骨架的操作与元件实例的创建方法一样，这里不再赘述。

图6-35　创建矢量图形的骨骼

2. 绑定工具

绑定工具是为单一矢量图形添加骨骼时使用的工具（元件实例的骨骼不适用）。

在矢量图形中创建好骨架后，在工具箱中选择"绑定工具"，然后选择骨骼的一端，被选中的骨骼呈红色，按住鼠标左键不放并向形状边线控制点拖曳，若控制点为黄色，则拖曳过程中会显示一条黄色的线段。当骨骼与控制点连接后，就完成了绑定操作。除了绑定连接外，也可以以单一的骨骼绑定端点，此时端点呈方块显示；也可以为多个骨骼绑定单一的端点，此时端点呈三角显示。

（四）编辑IK骨骼和对象

创建骨骼后，可以对其进行编辑，如选择骨骼和关联的对象、删除骨骼、重新调整骨骼和对象的位置和移动骨骼。

1. 选择骨骼和关联的对象

要编辑骨骼和关联的对象，必须先对其进行选择，Flash CS6中常用于选择骨骼和关联对象的方法有以下4种，下面分别进行介绍。

- **选择单个骨骼：** 使用"部分选取工具" 单击骨骼即可选择单个骨骼，并且"属性"面板中将显示骨骼形状的属性，如图6-36所示。
- **选择相邻骨骼：** 在"属性"面板中单击"父级"按钮、"子级"按钮，可以将所选内容移动到相邻骨骼，如图6-37所示。

图6-36　选择单个骨骼　　　　　　　　　图6-37　选择相邻骨骼

- **选择骨骼形状：** 使用"部分选取工具" 单击骨骼形状，可选择整个骨骼形状，"属性"面板中将显示骨骼形状的属性，如图6-38所示。
- **选择元件：** 若要选择连接到骨骼的元件实例，单击该实例即可，并且"属性"面板中将显示实例的属性，如图6-39所示。

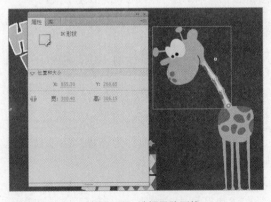

图6-38　选择骨骼形状　　　　　　　　　图6-39　选择元件

2. 删除骨骼

若要删除单个骨骼及其所有子级，可以选择该骨骼并按【Delete】键；按住【Shift】键的同时可选择多个骨骼一起进行删除。若要从某个IK形状或元件骨架中删除所有骨骼，可用"选择工具"选择该形状或该骨架中的任何元件实例，然后选择【修改】/【分离】菜单命令，删除骨骼后IK形状将还原为正常形状，如图6-40所示。

图6-40　删除骨骼

3. 重新调整骨骼和对象的位置

在Flash CS6中还可重新对骨骼和对象的位置进行调整，包括重新定位线性骨架、重新定位骨架分支、旋转多个骨骼和移动IK形状等，下面分别进行介绍。

- **重新定位线性骨架**：拖曳骨架中的任何骨骼，可以重新定位线性骨架。如果骨架已连接到元件实例，则拖曳实例，亦视为对其骨骼进行旋转。
- **重新定位骨架分支**：若要重新定位骨架的某个分支，可以拖曳该分支中的任何骨骼，该分支中的所有骨骼都将移动，其他分支中的骨骼不会移动，如图6-41所示。
- **旋转多个骨骼**：若要将某个骨骼与其子骨骼一起旋转而不移动父骨骼，则需要在按住【Shift】键的同时拖曳该骨骼的中间部分，如图6-42所示。

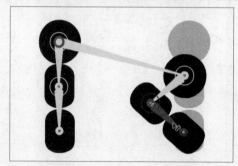

图6-41　重新定位骨架分支

图6-42　旋转多个骨骼

- **移动IK形状**：若要在舞台上移动IK形状，可以选择该形状并在"属性"面板中更改其X和Y属性。

4. 移动骨骼

在编辑骨骼动画时，用户可以移动与骨骼相关联的形状和元件，其移动方法分别如下。

- **移动形状骨骼**：若要移动形状骨骼任意一端的位置，需使用"部分选取工具" 拖曳骨骼的一端。
- **移动元件骨骼**：若要移动骨骼头部或尾部的位置，可以选择所有实例，然后在"属性"面板中更改变形点。

（五）处理骨骼动画

处理骨骼动画的方式与处理Flash CS6中的其他对象不同。对于骨骼，只需向姿势图层添加帧并在舞台上重新定位骨骼即可创建关键帧。姿势图层中的关键帧称为姿势。由于骨骼通常用于动画，因此，每个姿势图层都将自动充当补间图层。

1. 在"时间轴"面板中对骨骼进行动画处理

骨骼存在于"时间轴"面板中的姿势图层上。在姿势图层中的帧上单击鼠标右键，在弹出的快捷菜单中选择"插入姿势"命令即可插入姿势。下面分别介绍在"时间轴"面板中对骨骼进行动画处理的4种方法。

- **更改动画的长度**：将姿势图层的最后一帧向右或向左拖曳，可以增长或减短动画的长度，如图6-43所示。
- **添加姿势**：将播放指针放在要添加姿势的帧上，然后在舞台上重新定位或编辑骨架，即可添加姿势，如图6-44所示。

图6-43　更改动画的长度

图6-44　添加姿势

- **清除姿势**：在姿势图层的姿势帧处单击鼠标右键，在弹出的快捷菜单中选择"清除姿势"命令，即可清除姿势，如图6-45所示。
- **复制姿势**：在姿势图层的姿势帧处单击鼠标右键，在弹出的快捷菜单中选择"复制姿势"命令，即可复制姿势，如图6-46所示。

图6-45　清除姿势

图6-46　复制姿势

2．将骨架转换为影片剪辑或图形元件

将骨架转换为影片剪辑或图形元件，可以实现其他补间效果。若要将补间效果应用于除骨骼位置之外反向运动的对象，该对象必须包含在影片剪辑或图形元件中。

如果建立骨架的是形状，只需单击该形状即可；如果是链接的元件实例集，则可以在"时间轴"面板中单击骨架图层以选择所有的骨骼，然后在所选择的内容上单击鼠标右键，在弹出的快捷菜单中选择"转换为元件"命令，在"转换为元件"对话框中设置名称和类型，单击 确定 按钮。

（六）编辑IK动画属性

在反向运动中，可以通过调整反向运动约束来实现更加逼真的动画效果。若要 IK 骨架动画更加逼真，可限制特定骨骼的运动自由度，例如，可约束胳膊间的两个骨骼，以禁止肘部按错误的方向弯曲。其具体的设置如下。

- **启用X或Y轴移动**：选择骨骼后，在"属性"面板的"联接:X平移"和"联接:Y平移"栏中选中"启用"复选框及"约束"复选框，然后设置最小值与最大值，即可限制骨骼在x轴及y轴方向的活动距离。
- **约束骨骼的旋转**：选择骨骼后，在"属性"面板的"联接:旋转"栏中选中"启用"复选框及"约束"复选框，然后设置最小角度值与最大角度值，即可限制骨骼的旋转角度。
- **限制骨骼的运动速度**：选择骨骼后，在"属性"面板"位置"栏的"速度"数值框中输入数值，即可限制骨骼的运动速度。

三、任务实施

下面将具体讲解制作"游戏场景"动画的方法，其具体操作如下。

（1）新建一个尺寸为"1200像素×750像素"，颜色为"#339999"的空白动画文档，将"游戏背景"文件夹中的所有文件导入"库"面板中。从"库"面板将"背景.jpg"图像移动到舞台中间。

微课视频

制作"游戏场景"动画

（2）新建"角色动作"影片剪辑元件，从"库"面板中将"翅膀.png""腿.png""尾巴.png""身体.png""喇叭.png"移动到舞台上，然后复制翅膀和腿并调整各部件的位置、大小和方向，最后调整各部件的上下遮挡关系，组成小鸡的形状，如图6-47所示。

（3）选择"身体.png"图像，按【F8】键，在打开的"转换为元件"对话框中设置"名称""类型"分别为"身体""图形"，单击 确定 按钮，如图6-48所示。使用相同的方法，将"翅膀.png""腿.png""尾巴.png""喇叭.png"图像等都分别转换为元件。

图6-47　组合对象

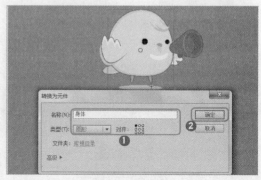

图6-48　转换为元件

（4）选择所有的实例，再选择"骨骼工具"，在实例上拖曳以绘制骨骼，如图6-49所示。

（5）在第30帧处按【F6】键插入姿势，使用"选择工具"调整骨架位置，如图6-50所示。在第60帧处插入姿势，并调整其位置。

图6-49　添加骨骼

图6-50　调整骨骼动作

（6）选择连着右翅膀的骨骼，打开"属性"面板，在"联接：X 平移""联接：Y 平移"栏
中选中"启用"和"约束"复选框，分别设置"最小""最大"的 X 平移为"-32.0""3.0"、
Y 平移为"-16.1""21.0"，如图 6-51 所示。

（7）选择姿势图层，在"属性"面板的"缓动"栏中设置"类型"为"简单（最快）"，从
第 60 帧向左拖曳到第 24 帧处，如图 6-52 所示。

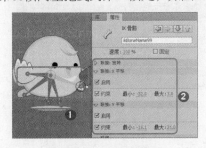

图6-51　为骨骼设置约束

图6-52　设置缓动类型

（8）返回主场景，在第 120 帧处插入关键帧，新建"图层 2"，将"鸡蛋 1.png"图像移动到
舞台左下角，并调整其大小，在第 8、9 帧处插入关键帧，分别将"鸡蛋 2.png""鸡蛋
3.png"图像移动到舞台上的第 8、9 帧的同一位置，调整大小，如图 6-53 所示。

（9）选择"鸡蛋 3.png"图像，按【F8】键，将其转换为图形元件，选择【插入】/【补间动
画】菜单命令创建补间动画。新建"图层 3"，在第 20 帧处插入关键帧，将"蛋壳"实
例翻转后移动到地面上，在"图层 2"的第 20 帧处插入关键帧，如图 6-54 所示。

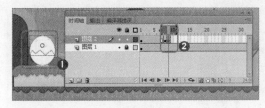

图6-53　编辑图像

图6-54　插入关键帧

（10）在"图层 2"的第 21 帧处插入关键帧，将"鸡蛋 3.png""鸡蛋 4.png"图像移动到舞台
中，调整大小并与上一帧中的蛋壳位置重合。效果如图 6-55 所示。

（11）新建"图层 4"，并移动到"图层 1"上方，在第 21 帧处按【F7】键插入空白关键帧，
从"库"面板中将"角色动作"元件移动到舞台中左边的蛋壳中，并调整大小。选择
【插入】/【补间动画】菜单命令，插入补间动画，在第 50 帧处将小鸡移动到地面上，
如图 6-56 所示。

图6-55　设置蛋壳位置重合

图6-56　创建补间动画

（12）分别在"图层4"的第65、72、100、114帧处插入属性关键帧，并分别移动小鸡的位置。使用"选择工具" ![] 调整补间路径，如图6-57所示。

（13）设置帧速率为"12.00fps"，按【Ctrl+Enter】组合键测试动画，效果如图6-58所示。

图6-57　调整补间路径　　　　　　　　　　　图6-58　测试动画效果

实训一　制作"3D翻转相册"动画

【实训要求】

本实训将制作3D翻转效果，完成后的效果如图6-59所示。

【实训思路】

本实训将使用"3D旋转工具"和"3D平移工具"制作"3D翻转相册"动画。

效果文件

"3D翻转相册"动画

图6-59　"3D翻转相册"动画

 素材所在位置　素材文件\项目六\实训一\3D翻转相册\
效果所在位置　效果文件\项目六\实训一\3D翻转相册.fla

【步骤提示】

（1）新建一个动画文档，将素材导入舞台，创建"猫1"元件的实例，在"图层1"的第20帧处按【F5】键插入帧，然后为"图层1"添加补间动画。

（2）选择"图层1"的第20帧，然后选择"3D旋转工具" ![]，再选择场景中的实例，最后在出现的3D控件上拖曳y轴使图像旋转90°。

（3）新建"图层2"，在第21帧处按【F6】键插入关键帧，在该帧上创建"猫2"元件，然后用"3D旋转工具" ![] 选择图像，并绕y轴旋转90°。

（4）在第60帧处插入帧，然后为"图层2"的第21～60帧添加补间动画。接着用"3D旋转工具" ![] 选择舞台中的实例，并绕y轴旋转180°。

微课视频

制作"3D翻转相册"动画

（5）新建"图层3"，在第61帧处插入关键帧，添加"猫1"元件的实例，用"3D旋转工具"  选择舞台中的实例，并绕y轴旋转90°。用相同的方法制作第6~80帧处的补间动画。

实训二　制作"小动物行走"动画

【实训要求】

本实训将应用"骨骼工具"制作"小动物行走"动画，完成后的效果如图6-60所示。

【实训思路】

本实训将在打开的动画文档中为小动物各部件添加骨骼，然后通过调整骨骼制作行走效果。

效果文件

"小动物行走"动画

图6-60　"小动物行走"动画

素材所在位置　素材文件\项目六\实训二\小动物.fla
效果所在位置　效果文件\项目六\实训二\小动物行走.fla

【步骤提示】

（1）打开"小动物.fla"动画文档，新建小动物元件，将部件从"库"面板中拖入舞台中并组合成小动物图形。

（2）选择"骨骼工具" 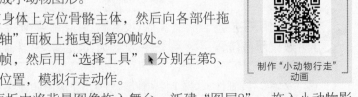，在身体上定位骨骼主体，然后向各部件拖曳以添加骨骼，在"时间轴"面板上拖曳到第20帧处。

微课视频

制作"小动物行走"动画

（3）在第15帧处添加属性关键帧，然后用"选择工具" 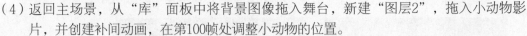 分别在第5、10帧处调整各部件的骨骼位置，模拟行走动作。

（4）返回主场景，从"库"面板中将背景图像拖入舞台，新建"图层2"，拖入小动物影片，并创建补间动画，在第100帧处调整小动物的位置。

常见疑难问题解析

问：可以多次单击进行Deco填充吗？

答：可以，一直按住鼠标左键进行填充时，填充完成的图形是一个整体，而多次单击进行Deco填充时，各填充形状是分开的个体，可能会出现图形不完整的情况，因此不推荐采用多次单击的方法。

问：创建骨架时位置不正确怎么办？

答：骨架的位置比较重要，如果创建的骨架位置不正确，可以选择"任意变形工具"调整骨架中心点位置，或者删除骨架后重新创建骨架。

拓展知识

1. 复制动画

在Flash CS6中将做好的3D动画复制到其他对象上。在补间范围中单击鼠标右键，在弹出的快捷菜单中选择"复制动画"命令，然后在其他图层的舞台中选择实例，单击鼠标右键，在弹出的快捷菜单中选择"粘贴动画"命令，即可对该实例应用创建好的补间或3D动画效果。

2. 制作摆动动画时选择矢量图形更佳

在制作秋千、钟摆动画时，使用矢量图形更容易制作出预期的效果，在矢量图形中只需创建一个骨架即可轻松控制摆动效果。

课后练习

（1）本练习将制作商品介绍页，先分离"蝴蝶.png"图像，然后将各部分转换为影片剪辑元件，并使用"3D旋转工具"旋转蝴蝶翅膀，最后将背景和元件添加到舞台中，完成后的效果如图6-61所示。

图6-61 商品介绍页

素材所在位置　素材文件\项目六\课后练习\商品介绍页\
效果所在位置　效果文件\项目六\课后练习\商品介绍页.fla

（2）本练习将制作"梦幻水晶球"动画，完成后的效果如图6-62所示。

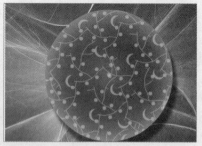

图6-62 "梦幻水晶球"动画

素材所在位置　素材文件\项目六\课后练习\梦幻水晶球.fla
效果所在位置　效果文件\项目六\课后练习\梦幻水晶球.fla

项目七
制作脚本与组件动画

情景导入

　　老洪告诉米拉，在Flash动画中还可以使用ActionScript脚本语言来制作一些动画特效和交互式动画，如闪烁的星星、鼠标跟随等特效，还有各种小游戏等交互动画。米拉不解地问："学习ActionScript脚本语言很难吗？"老洪回答道："当然有一定难度，不过，只需要掌握简单的ActionScript脚本语言技能就行了，如果你想从事Flash脚本开发就需要进行深入学习。"米拉高兴地说："那你今天教我一些简单的ActionScript脚本语言技能吧！"

学习目标

- 掌握ActionScript脚本语言
  如基本语法、变量和常量、函数、数据类型、类型转换、运算符和常用的Action函数语句等。
- 掌握"动作"面板的使用方法
  如动作工具箱、脚本编辑窗口、

  工具栏、脚本导航器的使用方法等。
- 掌握组件的应用方法
  如添加和删除组件、设置参数和属性、处理事件等。

案例展示

▲ "花瓣飘落"动画

▲ "动漫调查"动画

任务一 制作"花瓣飘落"动画

使用Flash特有的ActionScript脚本语言，可以完成特殊动画的制作，如星空、鼠标跟随、燃烧的火焰、Flash游戏等。本任务将学习ActionScript脚本语言的相关知识，并运用ActionScript脚本语言制作"花瓣飘落"动画。

一、任务目标

本任务将使用ActionScript脚本语言制作"花瓣飘落"动画。制作过程包括新建元件、创建引导层动画、添加ActionScript脚本语言、测试脚本动画等操作。通过本任务的学习，用户可以掌握使用ActionScript脚本语言制作动画的方法。本任务完成后的效果如图7-1所示。

素材所在位置 素材文件\项目七\任务一\背景.jpg、花瓣飘动.wav
效果所在位置 效果文件\项目七\任务一\花瓣飘落.fla

图7-1 "花瓣飘落"动画

二、相关知识

本任务涉及ActionScript 3.0、"动作"面板的使用、脚本助手的使用、ActionScript 3.0的层次结构及基本语法等相关知识，下面分别对这些知识进行介绍。

（一）认识ActionScript 3.0

ActionScript 3.0是目前Flash动画中较常使用的ActionScript版本。使用它能以特别快的速度编译并运行代码，简单来说就是能得到更加流畅的动画画面与更加迅速的动画交互响应。不能单纯认为ActionScript 3.0是ActionScript 2.0的升级版本，因为二者的理念并不相同，ActionScript 3.0是完全面向对象的脚本语言，而ActionScript 2.0则是部分面向对象的脚本语言。

（二）"动作"面板的使用

编辑ActionScript脚本语言的主要操作基本都是在"动作"面板中进行的，所以在学习ActionScript脚本语言时最好先认识"动作"面板。选择【窗口】/【动作】菜单命令或按【F9】键，打开图7-2所示的"动作"面板，即可通过"动作"面板对ActionScript脚本语言进行编写。下面对该面板的各组成部分的作用分别进行介绍。

1. 动作工具箱

动作工具箱用于存放ActionScript脚本语言中可用的所有元素分类。单击工具箱中的类、方法和属性等，可轻松地将其加入程序中。

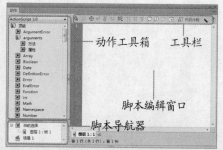

图7-2 "动作"面板

2. 脚本编辑窗口

脚本编辑窗口用于存放已编辑的ActionScript语句。若需添加或修改ActionScript语句，只需在选择帧后打开"动作"面板，在脚本编辑窗口中输入或修改ActionScript语句即可。

3. 工具栏

工具栏中集合了编写脚本时经常使用的工具按钮，下面分别进行介绍。

- **"将新项目添加到脚本中"按钮**：用于添加脚本。单击该按钮，在弹出的下拉列表中可选择属性、事件、方法添加到程序中。
- **"查找"按钮**：用于查找并替换脚本中的文本。
- **"插入目标路径"按钮**：用于为脚本中的某个动作设置绝对或相对目标路径。
- **"语法检查"按钮**：用于检查输入的表达式是否有语法错误。
- **"自动套用格式"按钮**：用于对程序代码段格式进行规范，以便用户阅读程序。
- **"显示代码提示"按钮**：单击该按钮，将显示代码的提示信息，在阅读代码时常会使用到。
- **"调试选项"按钮**：单击该按钮，可插入或改变断点。
- **"折叠成对大括号"按钮**：单击该按钮，可将程序代码段中大括号中的所有内容折叠起来。
- **"折叠所选"按钮**：单击该按钮，可将所选的程序代码段折叠起来。
- **"展开全部"按钮**：单击该按钮，可将折叠的程序段展开。
- **"应用块注释"按钮**：单击该按钮，可注释多行代码。
- **"应用行注释"按钮**：单击该按钮，可注释单行代码。
- **"删除注释"按钮**：单击该按钮，可删除程序代码中的注释。
- **"显示/隐藏工具箱"按钮**：单击该按钮，可显示或隐藏动作工具箱。
- **"代码片断"按钮**：单击该按钮，将打开"代码片断"面板，在其中可以添加Flash CS6中已集成的代码片段。
- **"通过从'动作'工具箱选择项目来编写脚本"按钮**：单击该按钮，可启动脚本助手功能，帮助用户编辑程序代码。

4. 脚本导航器

脚本导航器用于标注显示当前Flash动画中哪些动画帧添加了ActionScript脚本语言。使用脚本导航器可以方便地在添加了ActionScript脚本语言的动画帧之间切换。

（三）脚本助手的使用

很多初学者都不知道ActionScript脚本语句的语法，此时可通过脚本助手来进行输入。使用脚本助手的方法为：选择【窗口】/【动作】菜单命令，在打开的"动作"面板中单击"通过从'动作'工具箱选择项目来编写脚本"按钮，切换到脚本助手模式。双击或直接拖曳需要的语句到脚本编辑窗口中，再在参数栏中输入参数即可，如图7-3所示。

（四）ActionScript 3.0的层次结构

复杂的动画效果往往需要大量的脚本程序来实现，而为了方便编辑、管理这些脚本程序，动画制作者往往会将素材一个一个地嵌套起来以实现特殊功能，要想制作复杂的动画效果，一定要了解ActionScript 3.0的层次结构。在动画中，层次结构通常有绝对路径、相对路径、

图7-3　使用脚本助手

加载MP3文件和加载SWF文件，下面分别对其具体使用方法进行介绍。

1. 绝对路径

ActionScript 3.0脚本程序都是在主场景（_root）中运行的，"_root"是Flash中的固定关键字。假设"_root"是房子，桌子是其中定义的一个MovieClip实例名称——"MC"，要想调用房子里面的桌子，就可以使用绝对路径"_root.MC;"。需要注意的是，ActionScript 3.0是面向对象的语言，所以其中有很多对象名称，为了区分这些名称，用户就需要使用"."作为分隔符。

在表达出需要的对象，如上面所述的"房间里的桌子"后，才能对对象执行方法。如"房间.粉刷();"，在"粉刷"后加"()"是为了说明这是一个方法，而不是一个名称。如果用户想停止之前定义的"MC"实例，就可以执行"_root.MC.stop();"方法。

2. 相对路径

和绝对路径相比，相对路径拥有更大的自由度，但其表现方式就显得复杂一些。如想表示将书房中的一本书放回书柜，那么将不能确定到底是想将哪一本书放回书柜，因为书房中有很多本书，所以这时可以重新指定是将手中拿着的书放回书柜。使用相对路径表示为"手中的书.放回书柜();"；如果此时用户想使用"书房.手中的书.放回书柜();"来执行这个命令，就会出现错误，因为此时拿着书的位置可能并不是书房，而可能是客厅。

在ActionScript脚本程序中，若想停止播放主时间轴上放置的MC影片剪辑，可以在存放MC的帧中输入"_root.MC.stop();"，这种表达方法是正确的，但如果MC在下一帧中改变了名称，用户就需要修改语句，这样操作起来会很复杂。为了解决这个问题，用户不妨先找到要编辑的对象，即打开MC影片剪辑，然后在其第1帧中输入"this.stop();"，这样无论如何该影片剪辑都将停止播放，需要注意的是，"this"在这里是相对路径的Flash关键字。

3. 加载MP3文件

为了不增大动画文档，有时并不会将MP3音频文件置入动画中，而是通过引用的方式加载音频文件。加载MP3文件一般会使用"_sound.load"命令，如需在主场景中加载一个名为"music"的外部MP3文件，则需输入"_sound.load (new URLRequest("music.mp3"));"命令，但在输入前需要对相关的变量进行定义。

4. 加载SWF文件

为了方便后期维护或快速更新动画文档的内容，通常会采用引用外部SWF文件的方式加载SWF文件。加载SWF文件一般会使用"_loader.load"命令，如需在主场景中加载一个名为"yp"的外部SWF文件，则需输入"_loader.load(new URLRequest("yp.swf"));"命令。

（五）基本语法

在使用ActionScript 3.0脚本语言时，一定要注意其中的基本语法，如果连ActionScript语句中最简单的语法都不清楚，即使整个脚本程序段没问题，基本语句段也无法运行。ActionScript语句的基本语法的相关知识包括点语法、分号、括号、区分大小写、关键字及注释等。

1. 点语法

在ActionScript语句中，点语法是基本语法。使用点语法时可以使用运算符和属性名的实例名来引用。下面的代码即表示通过创建的实例名来访问prop1属性和method1()方法。

```
var myDotEx:DotExample = new DotExample();
myDotEx.prop1 = "hello";
myDotEx.method1();
```

2. 分号

可以使用分号";"来终止语句,以便用户阅读代码。

3. 括号

在ActionScript 3.0中,括号主要包括大括号"{}"和小括号"()"两种。大括号用于将代码分成不同的块,而小括号用于放置使用动作时的参数,以便调用函数。

4. 区分大小写

ActionScript 3.0是一种区分大小写的脚本语言,大小写不同的标识符会被视为不同的标识符。如使用下面的代码将创建两个不同的变量。

var num1:int;

var Num1:int;

5. 关键字

在ActionScript 3.0中,具有特殊含义、能被脚本调用的特定单词被称为"关键字"。在编写语句时,一定要注意不要使用Flash CS6预留的关键字,如果使用了Flash CS6预留的关键字,则会使程序无法运行。

6. 注释

为了更快地让浏览者了解脚本程序段的作用,用户可对一些有特殊作用的脚本程序段进行注释。ActionScript 3.0支持两种类型的注释,分别是单行注释和多行注释。其使用方法分别如下。

- **单行注释:** 以两个正斜杠字符"//"开头可作用到该行的末尾。如下面的代码包含一个单行注释:"var someNumber:Number = 3; // a single line comment"。
- **多行注释:** 以一个正斜杠和星号"/*"开头,以一个星号和正斜杠"*/"结尾。如下面的代码包含一个多行注释:"/*调用mac()函数;保存按钮事件;*/"。

(六)变量和常量

动画的特效一般都是通过ActionScript脚本程序内部的值传递实现的,而要进行值的传递就必须将值赋给变量或常量,然后通过变量或常量进行传递。下面将对变量和常量分别进行介绍。

1. 变量

变量用来存储程序中使用的值。声明变量时不指定变量的类型是合法的,但在严格模式下,这样做会产生编译器警告。可通过在变量名后面追加一个冒号和一个变量类型来指定变量类型,如下面的代码声明一个int类型的变量i,并将值20赋给i。

var i:int;

i = 20;

2. 常量

常量具有无法改变的固定值属性。只能对常量赋值一次,而且必须在最接近声明常量的位置赋值,如以下代码先声明了int类型的常量maxMun,然后将其赋值为20。

public const maxMun:int;

public function A()

{

　maxMun = 20;

}

(七)函数

函数是可以向脚本传递值并能将返回值反复使用的代码块。Flash CS6能制作出的特效都是通过函数完成的，常用的函数分为4类。其作用分别如下。

- **"时间轴"面板控制**：对"时间轴"面板中的播放指针进行控制，如播放指针的跳转、播放和停止播放等。
- **浏览器和网络**：对Flash动画在浏览器和网络中的属性和链接等进行设置。
- **影片剪辑控制**：对影片剪辑进行控制。
- **运算函数**：对影片中的数据进行处理，如数学函数、转换函数等。

（八）数据类型

数据类型用于定义一组值，如Boolean（布尔）类型仅包含两个值：true 和false。除了Boolean外，数据类型还包括int、Null、Number、String、uint、void、Object。可以使用类或接口来自定义一组值，从而定义数据类型。

（九）类型转换

类型转换指将某个值转换为其他数据类型的值，包括隐式转换和显式转换两种。隐式转换也称强制转换，在运行时执行；显式转换又称转换，在代码指示编译器中将一个数据类型的变量视为另一个数据类型时执行。如下面的代码将提取一个布尔值并将其转换为一个整数。

```
var myBoolean:Boolean = true;
var myINT:int = int(myBoolean);
trace(myINT); // 1
```

（十）运算符

运算符也叫操作符，其作用与数学中的加减乘除运算相似，只是在ActionScript 3.0中书写方式正好相反，即最终的结果放在最左边。下面分别介绍运算符的种类。

1. 数学运算符

数学运算符是ActionScript 3.0中常见的运算符之一，其使用方法与数学中的运算符完全一致。但如果遇到数据类型是字符时，ActionScript 3.0会将其转换成数值后再计算，如"a"将被转换为97。

2. 比较运算符

比较运算符一般用于判断脚本中表达式的值，再根据比较结果返回一个布尔值，然后根据后续的语句执行不同的命令。如下面的代码将判断变量a是否大于20，若大于20就输出"大于20"；若小于20则输出"小于20"。

```
if(a>20)
{
trace(大于20);
}
else
{
trace(小于20);
}
```

3. 逻辑运算符

逻辑运算符是一种经常使用的运算符，使用它可计算两个布尔值以返回第3个布尔值。使用这种逻辑运算符可以产生很多随机的布尔值，灵活应用它可以制作出很多特效。

4. 位运算符

在制作动画时，可能会因制作特效而需要使用位运算符，此时只需将浮点型数字转换为32位的整型，再根据整型数字重新生成一个新数字。

5. 赋值运算符

在ActionScript 3.0中赋值运算符也是经常使用的运算符。如"a="day";"。除此之外，使用赋值运算符还可以将一个值同时赋给多个变量，如下面的代码就将"23"这个数字同时赋给了a、b、c3个变量。

a=b=c=23;

6. 运算符的优先级和结合律

运算符的优先级和结合律决定了处理运算符的顺序。ActionScript 3.0 定义了一个默认的运算符优先级，不过也可以使用小括号运算符"()"来改变其优先级。如下面的代码改变了上一个示例中的默认优先级，以强制编译器优先执行加法运算，然后再执行乘法运算。

var sumNumber:uint = (2 + 3) * 4; // uint == 20

当同一个表达式中出现两个或多个具有相同优先级的运算符时，编译器使用结合律的规则会确定先处理哪个运算符。除了赋值运算符和条件运算符"?:"之外，所有二进制运算符都是左结合的，也就是说，先处理左边的运算符，再处理右边的运算符。

如小于运算符（<）和大于运算符（>）具有相同的优先级，可将这两个运算符用于同一个表达式中，因为这两个运算符都是左结合的，所以以下两条语句将生成相同的输出结果。

trace(3 > 2 < 1); // false

trace((3 > 2) < 1); // false

（十一）为不同对象添加ActionScript 3.0脚本语句

为了编辑方便，并满足制作动画的各种需要，用户可在"时间轴"面板的关键帧、外部类文件等对象中添加ActionScript 3.0脚本语句。下面将分别讲解在不同对象中添加脚本语句的方法。

1. 在"时间轴"面板上添加

在"时间轴"面板上添加脚本语句是比较常见的方法，但这种方法一般用于添加较简单且较短的脚本语句。添加的方法为：在"时间轴"面板中选择需要添加脚本语句的关键帧，在打开的"动作"面板中直接输入脚本语句。此时，即可看到该关键帧上出现一个a符号。

2. 在外部类文件中编写

为增强Flash动画中重要脚本的安全性，有时需要将ActionScript 3.0脚本存放在外部类文件中，然后再将外部的类文件导入动画中进行应用。其方法为：选择【文件】/【新建】菜单命令，打开"新建文档"对话框，在其中的"类型"列表框中选择"ActionScript文件"选项，单击 确定 按钮。此时会直接显示一个纯文本格式的面板，如图7-4所示。使用类文件的好处在于，用户可以使用任何纯文本编辑器对其进行编辑。

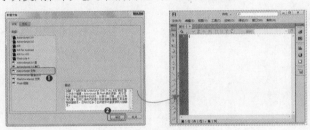

图7-4　在外部类文件中编写

（十二）常用的Action函数语句

为了更好地让初学者在学习后能使用ActionScript 3.0脚本语言制作一些简单的交互动画，下面对常用的Action函数语句进行讲解。

1. 单if语句

if可以理解为"如果"，即如果条件满足就执行其后的语句。单if语句的用法示例如下。

```
if(x>5){trace("输入的数据大于5");}
```

2. if...else语句

if...else语句中"else"可以理解为"另外的""否则"，整个if...else语句可以理解为"如果条件成立就执行if后面的语句, 否则执行else后面的语句"。if...else语句的用法示例如下。

```
if(x>5)        //x>5是判断条件
{
    trace("x>5");      //如果x>5条件满足，就执行本代码块
}
else
{
    trace("x=5");      //如果x>5条件不满足，就执行本代码块
}
```

3. if...else if语句

使用if...else if语句可以连续测试多个条件，以实现对更多条件的判断。如果要检查一系列的条件是真还是假，可使用if...else if语句。if...else if语句的用法示例如下。

```
if(x>10)
{
    trace("x>10");
}
else if(x<0)  //再进一步判断
{
    trace("x是负数");
}
```

4. switch语句

使用switch语句对表达式进行求值并用计算结果来确定要执行的代码块。代码块以case语句开头，以break语句结尾（用于跳出代码块）。switch语句的用法示例如下。

```
var someDate:Date = new Date();
var dayNum:uint = someDate.getDay();
switch(dayNum)
{
case 0:
    trace("Sunday");
    break;
case 1:
    trace("Monday");
```

```
        break;
case 2:
        trace("Tuesday");
        break;
default:
        trace("Sunday");
        break;
}
```

5. for语句

for语句用于循环访问某个变量以获得特定范围的值。在for语句中必须提供3个表达式，分别是设置了初始值的变量、用于确定循环结束的条件语句，以及在每次循环中都更改变量值的表达式。for语句的用法示例如下。

```
for (var i:int= 0; i < 10; i++)    //循环10次，输出0~9共10个数字，每一个数字单独占一行。
{
        trace(i);  //输出i的值
}
```

6. for...in语句

for...in语句用于循环访问对象属性或数组元素。for...in语句的用法示例如下。

```
var yourObj:Object = {x:10, y:80};    //定义了两个对象属性
for (var i:String in yourObj)
{
        trace(i + ":" + yourObj[i]);
}
```

输出结果如下。

```
 //x:10
 //y:80
```

7. for each...in语句

for each...in语句用于访问集合中的项目，它可以是XML（Extensible Markup Language，可扩展标记语言）或XML List对象中的标签、对象属性保存的值或数组元素。for each...in语句的用法示例如下。

```
var myObj:Object = {x:60, y:20};
for each (var num in myObj)
{
        trace(num);
}
```

输出结果如下。

```
 //60
 //20
```

8. while语句

while语句可重复执行某一条语句或某一段程序。使用while语句时，系统会先计算表达

式的值，如果值为true，就执行循环代码块，在执行完循环代码块的每一条语句之后，while语句会再次对该表达式进行计算，当表达式的值仍为true时，会再次执行循环代码块中的语句，直到表达式的值为false。while语句的用法示例如下。

```
var i:int = 0;
while (i < 10)
{
    trace(i);
    i++;
}
```

9. do while语句

do while语句与while语句类似，使用do while语句可以创建与while语句相同的循环，但do while语句在其循环结束处会对表达式进行判断，因而使用do while语句至少会执行一次循环。do while语句的用法示例如下。

```
var i:int =10;    //即使条件不满足，该例也会生成输出结果：10
do
{
    trace(i);
    i++;
}while (i <10);
```

10. 类和包

类（class）就是模板，而包（package）的作用是组织类，即把相关的类组成一个组。

● **类**：类要求class关键字后跟类名，类体要放在大括号"{}"内。

```
public class MyClass
{
var visible:Boolean=false;
}    //创建了一个名为MyClass的类，其中包含名为visible的变量
```

● **包**：包是根据目录的位置及所嵌套的层级来构造的。包中的每一个名称对应一个真实的目录名称，这些名称通过点符号"."分隔。

在ActionScript 3.0中，包部分代码用来声明包，类部分代码用来声明类。类和包的用法示例如下。

```
package com.friend.making{
    public class MyClass
    {
    public var myNum:Number=888;
    public function myMethod()
    {
        trace("out");
    } //end myMethod
    } //end class MyClass
} //end package
```

11. **构造函数**

在类中可以设置一个构造函数，它的创建方式与类名的创建方式相同，只要使用new关键字创建了类实例，就会执行构造函数中包括的所有代码。构造函数的用法示例如下。

```
//定义MyClass类，其中包含名为status的属性，其初始值在构造函数中设置
class MyClass
{
    public var:String;
    public function Example()
{
    status="initialized";
}
}
var myExample:MyClass=new Example();
trace(myExample.status);        //输出：已初始化
```

12. **继承**

类可以继承自身或扩展另一个类，因此它可以获取另外一个类所具有的所有属性和方法，除非属性或方法被标记为私有（private）。子类（正在继承的类）可以增加额外的属性和方法，或者是改变父级类（被扩展的类）中的一些内容。

13. **play语句（播放）**

play语句的作用是使停止播放的动画继续播放，通常用于控制影片剪辑元件。

```
play();
```

14. **stop语句（停止）**

使用play语句播放动画后，动画将一直播放，不会停止，如果需要停止播放动画，则需要在相应的帧或按钮中添加stop语句。stop语句的作用是停止当前正在播放的动画。

```
stop();
```

15. **gotoAndPlay语句（跳转并播放）**

gotoAndPlay语句的作用是当播放到某一帧或单击某按钮时，跳转到场景中指定的帧并从该帧开始播放动画。如果未指定场景，则跳转到当前场景中的指定帧。

```
gotoAndPlay();              //跳转到指定的帧
gotoAndPlay(场景,帧);       //跳转到指定场景的某一帧
```

16. **gotoAndStop语句（跳转并停止播放）**

gotoAndStop语句的作用是当播放到某一帧或单击某按钮时，跳转到场景中指定的帧并停止播放动画。如果未指定场景，则跳转到当前场景中的指定帧。

```
gotoAndStop();              //跳转到指定的帧
gotoAndStop(场景,帧);       //跳转到指定场景的某一帧
```

17. **prevFrame语句（跳转到上一帧）**

prevFrame语句的作用是将播放指针跳转到当前帧的上一帧。

```
prevFrame();
```

18. **nextFrame语句（跳转到下一帧）**

nextFrame语句的作用是将播放指针跳转到当前帧的下一帧。

```
nextFrame();
```

19. prevScene语句（跳转到上一场景）

prevScene语句的作用是将播放指针跳转到上一个场景的第1帧。

prevScene();

20. nextScene语句（跳转到下一场景）

nextScene语句的作用是将播放指针跳转到下一个场景的第1帧。

nextScene();

三、任务实施

（一）制作引导层动画

微课视频

制作引导层动画

下面进行引导层动画的制作，其具体操作如下。

（1）新建一个尺寸为"550像素×400像素"，颜色为"#00CC66"，类型为"ActionScript 3.0"的空白动画文档，按【Ctrl+R】组合键，将"背景.jpg"图像导入舞台中。

（2）新建一个"花瓣1"图形元件，在元件编辑窗口中绘制一个花瓣轮廓，并为花瓣填充"#FFFFFF"到"#BF274F"的线性渐变色，如图7-5所示。

（3）新建一个"花瓣"影片剪辑元件，在元件编辑窗口中移动两个花瓣元件，并调整位置和大小，选择两个花瓣图形，按【Ctrl+G】组合键组合图形，然后在"时间轴"面板上创建补间动画，再在第40帧处按【F5】键插入帧，如图7-6所示。

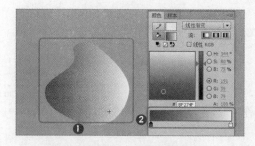

图7-5 绘制并填充"花瓣"图形

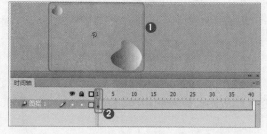

图7-6 新建"花瓣"影片剪辑元件并创建补间动画

（4）在第40帧处打开帧的"属性"面板，设置"缓动""旋转""方向"分别为"50""1""顺时针"，如图7-7所示。

（5）新建一个"飘落"影片剪辑元件，在元件编辑窗口中将"花瓣"元件移动到舞台中，创建补间动画，在第120帧处向下移动"花瓣"到合适的位置，并拖曳路径以调整其形状，如图7-8所示。

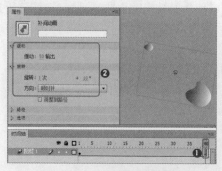

图7-7 设置"花瓣"旋转动画

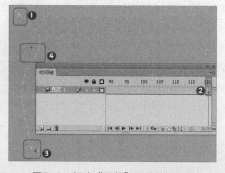

图7-8 新建"飘落"影片剪辑元件

（二）添加ActionScript脚本

下面为动画添加ActionScript脚本，其具体操作如下。

微课视频

添加 ActionScript 脚本

（1）在"库"面板中的"飘落"影片剪辑元件上单击鼠标右键，在弹出的快捷菜单中选择"属性"命令，在打开的"元件属性"对话框中展开"高级"栏，选中"为ActionScript导出"复选框，在"类"文本框中输入"hua"，单击 确定 按钮，如图7-9所示。

（2）返回主场景，在第2帧处插入帧，新建"图层2"，打开"动作"面板，在其中输入ActionScript脚本，如图7-10所示。

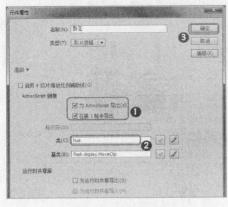

图7-9 设置元件属性

图7-10 输入脚本（1）

（3）在第2帧处插入空白关键帧，在打开的"动作"面板中输入ActionScript脚本，如图7-11所示。

（4）完成制作后按【Ctrl+Enter】组合键测试动画效果，如图7-12所示。

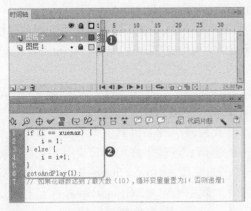

图7-11 输入脚本（2）

图7-12 测试动画效果

任务二　制作"动漫调查"动画

在Flash CS6中可以使用组件实现网页表单类的功能，配合网页编程语言（如ASP、PHP、JSP、Java等），可实现与用户的交互。本任务将使用组件功能制作"动漫调查"动画。

一、任务目标

本任务将练习制作"动漫调查"动画，制作时主要涉及创建组件并设置组件属性等知识。通过本任务的学习，用户可以掌握利用组件制作动画的方法。本任务完成后的效果如图7-13所示。

 素材所在位置　素材文件\项目七\任务二\动漫背景.jpg
　　　　　　　 效果所在位置　效果文件\项目七\任务二\动漫调查.fla

图7-13　"动漫调查"动画

二、相关知识

本任务涉及认识对象、鼠标事件、键盘事件、处理声音、处理日期和时间、组件的优点、组件的类型、常用组件和应用组件等知识，下面分别介绍。

（一）认识对象

ActionScript 3.0是一种面向对象的编程语言，因此组织ActionScript程序中脚本的方法只有一种，即使用对象。假如定义了一个影片剪辑元件，并已在舞台上放置了该元件，从严格意义上来说，该影片剪辑元件也是ActionScript脚本中的一个对象，任何对象都可以包含3种类型的特性：属性、方法和事件。这3种特性的含义如下。

- **属性**：表示某个对象中绑定在一起的若干数据块中的一个。可以像使用变量那样使用属性，如song对象可以包含名为artist和title的属性；MovieClip类具有rotation、x、width、height和alpha等属性。

- **方法**：表示对象可执行的动作。如影片剪辑可以播放、停止播放或根据命令将播放指针移动到特定帧。

- **事件**：表示确定计算机执行哪些指令，以及何时执行的机制。本质上，事件就是所发生的、ActionScript能够识别并响应的事情。许多事件与用户交互相关联，如用户单击某个按钮或按键盘上的某个键；如使用ActionScript脚本加载外部图像时，有一个事件可以让用户知道图像何时加载完毕。当ActionScript程序运行时，从概念上讲，它只是等待某些事情发生时，运行这些事件指定的特定ActionScript代码。

（二）鼠标事件

用户可以使用鼠标事件来控制影片的播放、停止播放及 x、y、alpha和visible属性等。ActionScript 3.0中用MouseEvent表示鼠标事件，而鼠标事件又包括单击、跟随、经过和拖曳等操作动作。下面对常用的鼠标事件的操作动作进行介绍。

- **鼠标单击**：常使用鼠标单击事件来控制影片的播放、属性等，用CLICK表示鼠标单击。图7-14所示的ActionScript语句表示通过单击按钮"btnmc"来响应影片mc的属性。
- **鼠标跟随**：可以通过将实例的x、y属性与鼠标坐标绑定来实现让文字或图形实例跟随鼠标移动。如定义函数txt，赋值为一串文字，然后让其跟随鼠标，如图7-15所示。

```
1  import flash.events.MouseEvent;
2  mc.stop();
3
4  function mcx(event:MouseEvent):void
5  {
6      mc.visible = true;
7      mc.play();
8  }
9  btnmc.addEventListener(MouseEvent.CLICK,mcx);
```

图7-14　鼠标单击

```
1   var arr=new Array();
2   var txt = "WELCOME";
3   var len = txt.length;
4   for (var j=0; j<len; j++)
5   {
6       var mc=new txtmc();
7       arr[j] = addChild(mc);
8       arr[j].txt.text = txt.substr(j,1);
9       arr[j].x = 0;
10      arr[j].y = 0;
11  }
12  addEventListener(Event.ENTER_FRAME, run);
13  function run(evt)
14  {
15      for (var j=0; j<len; j++)
16      {
17          arr[j].x=arr[i]+(mouseX-arr[j].x)/(1+j)+10;
18          arr[j].y=arr[i]+(mouseY-arr[j].y)/(1+j);
19      }
20  }
```

图7-15　鼠标跟随

- **鼠标经过**：常使用鼠标经过事件来制作一些特效动画，用MOUSE_MOVE表示鼠标经过。图7-16所示的ActionScript语句为当鼠标经过时添加并显示实例paopao。
- **鼠标拖曳**：可以使用鼠标来拖曳实例对象，startDrag表示开始拖曳，stopDrag表示停止拖曳。图7-17所示为对实例对象 ball 进行拖曳。

```
1   var i=0;
2   var k=0;
3   var del=false;
4   var pao:Array=new Array();
5   //定义pao为数组对象
6   function run(evt)
7   {
8       k++;
9       if(k==10)
10      {
11          var pp=new pao();
12          pao[i]=addChild(pp);   //添加并显示实例
13          pao[i].x=mouseX;
14          pao[i].y=mouseY;
15          i++;
16          if(i==10)
17          {
18              i=0;
19              del=true;
20          }
21          k=0
22      }
23  }
24  addEventListener(MouseEvent.MOUSE_MOVE,run);
```

图7-16　鼠标经过

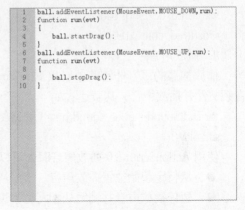

```
1   ball.addEventListener(MouseEvent.MOUSE_DOWN, run);
2   function run(evt)
3   {
4       ball.startDrag();
5   }
6   ball.addEventListener(MouseEvent.MOUSE_UP, run);
7   function run(evt)
8   {
9       ball.stopDrag();
10  }
```

图7-17　鼠标拖曳

（三）键盘事件

在玩一些Flash小游戏时，玩家往往需要使用键盘来进行操作。其实这是通过键盘事件编辑完成的，玩家可以按下键盘上的某个键来响应事件。

（四）处理声音

在ActionScript脚本中处理声音时，可能会使用Flash.media包中的某些函数来加载声音文件，或为对声音数据进行采样的事件分配函数，然后开始播放。开始播放声音后，Flash Player和AIR提供对SoundChannel对象的访问。下面对Flash.media中常用的函数分别进行介绍。

- **Sound**：用于处理声音加载、管理基本声音属性及启动声音播放。
- **SoundChannel**：当应用程序播放Sound对象时，将创建一个新的SoundChannel对象来控制播放。SoundChannel对象可控制声音的左、右播放声道的音量大小。

- **SoundLoaderContext**：指定在加载声音时的缓冲秒数，SoundLoaderContext对象用作Sound.load()方法的参数。
- **SoundMixer**：可控制与应用程序中的所有声音有关的播放和安全属性。该SoundMixer对象中的属性值将影响当前播放的所有SoundChannel对象。
- **Microphone**：表示连接到用户计算机上的麦克风或其他声音输入设备。可以将来自麦克风的音频输入传送到本地扬声器或发送到远程服务器。
- **SoundTransform**：包含控制音量和声相的值。可以将SoundTransform对象应用于单个SoundChannel对象、全局SoundMixer对象或Microphone对象等。

Flash CS6不但能通过ActionScript语句引用外部的视频，还可对引用的视频进行控制，如处理声音流、播放声音、暂停和恢复播放声音、控制音量和声相等。下面讲解具体实现方法。

1. 处理声音流

如果在加载声音文件或视频文件数据的同时需要播放该文件，则认为是流式传输。通常，对从远程服务器加载的外部声音文件进行流式传输，以使用户不必等待加载完所有声音数据再收听该声音。

SoundMixer.bufferTime属性表示Flash Player或AIR在允许播放声音之前收集多长时间的声音数据（以毫秒为单位）。通过在加载声音时指定新的bufferTime值，应用程序可以覆盖单个声音的全局SoundMixer.bufferTime值。要覆盖默认缓冲时间，需要先创建一个新的SoundLoaderContext函数实例，设置其bufferTime属性，然后将其作为参数传递给Sound.load()方法，其表达式如下。

var context:SoundLoaderContext = new SoundLoaderContext(8000, true);

s.load(req, context);

2. 播放声音

播放加载的声音非常简单，只需为Sound对象调用Sound.play()方法。如要加载一个外部音频文件并播放声音，其表达式如下。

var snd:Sound = new Sound(new URLRequest("smallSound.mp3"));

snd.play();

使用 ActionScript 3.0 播放声音时，可以执行以下操作。

- 从特定起始位置播放声音。
- 暂停播放声音并稍后从相同位置恢复播放声音。
- 准确了解何时播放完声音。
- 跟踪声音的播放进度。
- 在播放声音的同时更改音量或声相。

若要在播放声音期间执行上述操作，可以使用SoundChannel、SoundMixer和SoundTransform类。SoundChannel函数控制一种声音的播放，可以将SoundChannel.position属性视为播放指针，以指示所播放的声音数据中的当前位置。

当应用程序调用Sound.play()方法时，将创建一个新的SoundChannel函数实例来控制播放。通过将特定起始位置（以毫秒为单位）作为Sound.play()方法的startTime参数进行传递，应用程序可以从该位置开始播放声音；也可以在Sound.play()方法的loops参数中传递一个数值，指定快速且连续地以固定的次数重复播放声音。

使用startTime参数和loops参数调用Sound.play()方法时，每次将从相同的起始点重复播放声音，如代码将从声音开始后的1s起连续播放声音3次，其表达式如下。

```
var snd:Sound = new Sound(new URLRequest("repeatingSound.mp3"));
snd.play(1000, 3);
```

3. 暂停和恢复播放声音

通常用户在播放声音时需要进行暂停和恢复播放操作。而实际上在ActionScript脚本中无法在声音的播放期间暂停声音，只能将其停止，但是可以从任何位置开始播放声音，故能记录声音停止时的位置，并随后从该位置开始重放声音。其表达式如下。

```
var snd:Sound = new Sound(new URLRequest("bigSound.mp3"));
var channel:SoundChannel = snd.play();
```

在播放声音时，SoundChannel.position属性指明当前播放到的声音文件位置。应用程序可以在停止播放声音之前存储位置值，其表达式如下。

```
var pausePosition:int = channel.position;
channel.stop();
```

传递以前存储的位置值，以便从声音以前停止的相同位置重新开始播放声音，其表达式如下。

```
channel = snd.play(pausePosition);
```

4. 控制音量和声相

单个SoundChannel对象可控制声音的左立体声声道和右立体声声道。通过SoundChannel对象的leftPeak和rightPeak属性来查明所播放的声音的每个声道的波幅。这些属性显示声音波形本身的峰值波幅，并不表示实际播放音量。实际播放音量是由声音波形的波幅及SoundChannel对象和SoundMixer类中设置的音量值的函数来决定的。

在声音播放期间，可以使用SoundChannel对象的pan属性为左声道和右声道分别指定不同的音量级别。pan属性的取值范围为-1 ~ 1，其中，pan为-1表示左声道以最大音量播放，而右声道处于静音状态；pan为1表示右声道以最大音量播放，而左声道处于静音状态。pan为大于-1而小于1的值时表示为左和右声道值设置的一定比例，pan为0表示两个声道以均衡的中音量级别播放。

如使用volume值为0.6及pan值为-1创建一个SoundTransform对象，将SoundTransform对象作为参数传递给play()方法，此方法将该SoundTransform对象应用于为控制播放而创建的新SoundChannel对象，其表达式如下。

```
var snd:Sound = new Sound(new URLRequest("bigSound.mp3"));
var trans:SoundTransform = new SoundTransform(0.6, -1);
var channel:SoundChannel = snd.play(0, 1, trans);
```

可以在播放声音的同时更改音量和声相，其方法为：设置SoundTransform对象的pan 或volume属性，然后将该对象作为SoundChannel对象的SoundTransform属性进行应用。

也可以使用SoundMixer类的SoundTransform属性，同时为所有声音设置全局音量和声相值，其表达式如下。

```
SoundMixer.soundTransform = new SoundTransform(1, -1);
```

5. SoundMixer.stopAll() 方法

SoundMixer.stopAll()方法用于将当前播放的所有SoundChannel对象中的声音静音。SoundMixer.stopAll()方法还会阻止播放指针继续播放从外部文件加载的所有声音。但是，如果动画移动到一个新的帧，FLA文件中嵌入的声音及使用Flash CS6创作工具附加到"时间轴"面板中的帧上的声音可能会重新开始播放。

（五）处理日期和时间

ActionScript 3.0的所有日期和时间管理函数都集中在顶级Date函数中。Date函数包含一些方法和属性，这些方法和属性按照本地时间来处理日期和时间。

1. 创建Date对象

Date函数是所有核心类中构造函数形式最为多变的类之一。如果未给定参数，则Date构造函数将按照所在时区的本地时间返回包含当前日期和时间的Date对象，其表达式如下。

var now:Date = new Date();

可以将单个字符串参数传递给Date构造函数，该构造函数将尝试把字符串分析为日期或时间部分，然后返回对应的Date对象。Date构造函数支持多种不同的字符串格式，如使用字符串值初始化一个新的Date对象，其表达式如下。

var nextDay:Date = new Date("Mon May 1 2010 11:30:00 AM");

2. 获取时间单位值

可以使用Date函数的属性或方法从Date对象中提取各种时间单位的值。下面对Date对象中的属性的作用分别进行介绍。

- **fullYear属性**：获得年份。
- **month属性**：以数字格式表示月份，分别以 0~11 表示一月~十二月。
- **date属性**：表示一个月中某一天的日历数字，范围为 1~31。
- **day属性**：以数字格式表示一周中的某一天，其中 0 表示星期日，1~6表示星期一到星期六。
- **hours属性**：获得时间中的小时，范围为 0~23。
- **minutes属性**：获得时间中的分，范围为0~57。
- **seconds属性**：获得时间中的秒，范围为0~57。

（六）组件的优点

组件可以将应用程序的设计过程和编码过程分开。使用组件，动画制作者可以创建在应用程序中可能用到的功能。下面对ActionScript 3.0组件的一些优点进行介绍。

- **ActionScript 3.0的强大功能**：ActionScript 3.0是一种强大的、面向对象的编程语言，这是Flash Player发展过程中的重要一步。该语言的设计意图是在可重复使用代码的基础上构建丰富的交互应用程序。
- **基于FLA的用户界面组件**：提供对外观的轻松访问，以便在创作时进行方便的自定义。这些组件还提供样式（包括外观样式），可以利用样式来自定义组件的某些外观，并在运行时加载外观。
- **新的FLVPlayback组件**：添加了FLVPlaybackCaptioning组件及全屏支持、改进的实时预览、允许用户通过设置颜色和Alpha值来修改组件外观，以及通过改进的FLV下载和布局功能。
- **"属性"检查器和"组件"检查器**：允许在Flash CS6中进行创作时更改组件参数。
- **ComboBox、List和TileList组件的新的集合对话框**：允许通过用户界面填充它们的dataProvider 属性。
- **ActionScript事件模型**：允许应用程序侦听事件并调用事件处理函数进行响应。
- **管理器类**：提供了一种在应用程序中处理焦点和管理样式的简便方法。
- **UIComponent基类**：为扩展组件提供核心方法、属性和事件。

- **在基于UIFLA的组件中使用SWC**：可提供ActionScript定义（作为组件的时间轴内部资源），用以加快编译速度。
- **便于扩展的类层次结构**：可以使用ActionScript 3.0创建唯一的命名空间，按需要导入类，并且可以方便地创建子类来扩展组件。

（七）组件的类型

在安装Flash CS6时会自动安装组件，根据其功能和应用范围，主要将其分为User Interface组件（以下简称UI组件）和Video组件两大类。其作用分别介绍如下。

- **UI组件**：主要用于设置用户交互界面，并通过交互界面用户与应用程序进行交互。在Flash CS6中，大多数交互都通过这类组件实现。UI组件主要包括Button、CheckBox、ComboBox、RadioButton、List、TextArea和TextInput等组件。
- **Video组件**：主要用于对动画中的视频播放器和视频流进行交互，主要包括FLVPlayback、FLVPlaybackCaptioning、BackButton、PlayButton、SeekBar、PlayPauseButton、VolumeBar和FullScreenButton 等交互组件。

（八）常用组件

在Flash CS6的组件中，Video组件通常只在涉及视频交互控制时才会应用，除此之外的大部分交互都可通过UI组件来实现，因而在制作交互动画方面，UI组件是应用最广且常用的组件。下面对各常用组件进行介绍。

- **Button**：一个可调整大小的矩形按钮，用户可以用鼠标或空格键将其按下以在应用程序中启动某个操作。Button是许多表单和Web应用程序的基础部分。当需要让用户启动一个事件时可以使用按钮实现，如大多数表单都有的"提交"按钮。
- **CheckBox**：一个可以选中或取消选中的复选框。被选中后，复选框中会出现一个复选标记，如表单上的"兴趣"复选框。用户可以为CheckBox添加一个文本标签，并可以将其放在CheckBox的左侧、右侧、上方或下方。
- **ComboBox**：允许用户从下拉列表中进行单一选择。ComboBox可以是静态的，也可以是可编辑的。可编辑的ComboBox允许用户在列表顶端的文本字段中直接输入文本。如果下拉列表超出文档底部，该下拉列表将会向上打开，而不是向下打开。ComboBox由3个子组件构成，包括BaseButton、TextInput和List组件。
- **RadioButton**：允许用户在一组选项中选择一项。该组件必须用于至少有两个RadioButton实例的组。在任何给定的时刻，都只有一个组成员被选中。选中组中的一个单选项将取消选中组内之前选中的单选项。
- **List**：一个可滚动的单选或多选列表框，列表框中还可显示图形和其他组件。在单击标签或数据参数字段时，会出现"值"对话框，可以使用该对话框添加显示在列表中的项目。也可以使用List.addItem()和List.addItemAt()方法将项目添加到列表。
- **TextArea**：ActionScript TextField对象的包装，可以使用TextArea组件显示文本，如果editable属性为true，则可以用TextArea组件来编辑和接收文本。如果wordWrap属性设置为true，则此组件可以显示或接收多行文本，并将较长的文本行换行。可以使用restrict属性限制用户能输入的字符，使用maxChars属性指定用户能输入的最大字符数。如果文本超出了文本区域的水平或垂直边界，则会自动出现水平和垂直滚动条，除非其关联的horizontalScrollPolicy和lverticalScrollPolicy属性被设置为off。在需要多行文本字段的任何地方都可使用TextArea组件。

145

- **TextInput：**一个单行文本组件，可以使用setStyle()方法来设置textFormat属性，以更改TextInput实例中所显示文本的样式。TextInput组件还可以用HTML进行格式设置，或用作遮蔽文本的密码字段。

- **DataGrid：**允许将数据显示在行和列构成的网格中，并将数据从可以解析的数组或外部XML文件放入DataProvider的数组中。DataGrid组件包括垂直和水平滚动、事件支持（包括对可编辑单元格的支持）和排序功能。

（九）应用组件

选择【窗口】/【组件】菜单命令，打开"组件"面板。从"组件"面板添加到舞台中的组件都带有参数，设置这些参数可以更改组件的外观和行为。参数是组件的类的属性，显示在"属性"检查器和"组件"检查器中。最常用的属性显示为创作参数，其他参数必须使用ActionScript 3.0来设置。在创作时设置的所有参数都可以使用ActionScript 3.0来修改。

1. 添加和删除组件

将基于FLA的组件从"组件"面板拖到舞台上时，Flash CS6会将一个可编辑的影片剪辑导入"库"面板中。将基于SWC的组件拖到舞台上时，Flash CS6会将一个已编译的影片剪辑导入"库"面板中。将组件导入"库"面板中后，可以将组件的实例从"库"面板或"组件"面板拖入舞台中。下面对添加、删除组件的方法进行介绍。

- **添加组件：**从"组件"面板中拖曳组件或双击组件，可以将组件添加到动画文档中，如图7-18所示。在"属性"检查器或"组件"检查器的"参数"选项卡中可以设置组件中每个实例的属性。

- **删除组件：**若要从舞台中删除组件实例，只需选择该组件，然后按【Delete】键或单击"删除"按钮 。若要从Flash文件中删除该组件，则必须从"库"面板中删除该组件及其关联的资源，如图7-19所示。

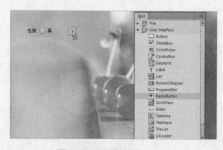

图7-18　添加组件

图7-19　删除组件

2. 设置组件参数和属性

每一个组件都带有参数，设置这些参数可以更改组件的外观和行为。参数是组件类的属性，显示在"属性"检查器和"组件"检查器中。大多数ActionScript 3.0 UI组件都从UIComponent类和基类继承属性和方法。可以使用"属性"面板、"值"对话框、"动作"面板设置组件实例的参数。下面对参数和属性的一些设置方法进行介绍。

- **输入组件实例的名称：**在舞台上选择组件的一个实例，在"属性"面板的"实例名称"文本框中输入组件实例的名称；或在"组件参数"栏中的组件标签中输入名称，如图7-20所示。

- **输入组件实例的参数：**在舞台上选择组件的一个实例，在"属性"面板的"组件参数"栏中单击"编辑"按钮 ，打开"值"对话框，单击"添加"按钮 添加选项，并设置选项的名称和值，设置完成后单击 确定 按钮，如图7-21所示。

图7-20　输入组件实例的名称

图7-21　输入组件实例的参数

- **设置组件属性**：在ActionScript中，应使用点运算符（点语法）访问舞台上的对象或实例的属性或方法。点语法表达式以实例的名称开头，后面跟着一个点，最后以要指定的元素结尾，如图7-22所示。

- **调整组件大小**：组件不会自动调整大小以适合其标签，可以使用"任意变形工具" 或setSize()方法调整组件实例的大小，如图7-23所示。

图7-22　设置组件属性　　　　　　　　　　　图7-23　调整组件大小

3. 处理事件

每一个组件在用户与其交互时都会广播事件。如当用户单击一个Button组件时，会调用MouseEvent.CLICK事件；当用户选择List组件中的一个项目时，List组件会调用Event.CHANGE事件。当组件发生重要事情时也会引发事件，如当UILoader实例完成内容加载时，会生成一个Event.COMPLETE事件。若要处理事件，需要编写在该事件被触发时需要执行的ActionScript代码。下面分别对事件侦听器和事件对象进行介绍。

- **事件侦听器**：所有事件均由组件类的实例广播，调用组件实例的 addEventListener() 方法，可以注册事件的"侦听器"，可以向一个组件实例注册多个侦听器，也可以向多个组件实例注册一个侦听器，如图7-24所示。

- **事件对象**：事件对象继承Event对象类的一些属性，包含了有关所发生事件的信息，其中包括提供事件基本信息的target和type属性，如图7-25所示。

图7-24　事件帧听器

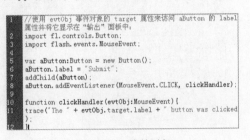

图7-25　事件对象

三、任务实施

（一）输入问卷调查表文本

要制作"动漫调查"动画，需先进行问卷调查表的文本输入，其
具体操作如下。

微课视频

输入问卷调查表文本

（1）新建一个尺寸为"550像素×400像素"的ActionScript 3.0空白动画
文档。按【Ctrl+R】组合键，打开"导入"对话框，将"动漫背
景.jpg"图像导入舞台中。

（2）将"图层1"重命名为"背景"，新建"图层2"，并将其重命名为"标题"。选择"矩
形工具"，设置"笔触颜色""填充颜色"分别为"#FFCC99""#E6E1CB"，绘
制一个装饰线框。选择"文本工具"，设置"系列""大小""颜色"分别为"黑
体""18点""#0066FF"，并输入"最新调查"文本，如图7-26所示。

（3）按【F6】键，新建关键帧，将"最新调查"文本修改为"调查结果"文本，如图7-27
所示。

图7-26　制作调查页标题

图7-27　制作结果页标题

（4）新建"图层3"，并将其重命名为"文本"。选择第1帧，选择"文本工具"，在"属
性"面板中设置"系列""大小""颜色"分别为"黑体""15点""#0066CC"，
在舞台中输入调查表相关问题的文本，如图7-28所示。

图7-28　输入文本

（二）添加组件并设置属性

下面将添加组件并对各组件的属性进行设置，其具体操作如下。

微课视频

添加组件并设置属性

（1）新建"图层4"，并将其重命名为"组件"，选择第1帧。选择【窗口】/【组件】菜单命令，打开"组件"面板。展开"User Interface"文件夹，选择TextInput组件，将其移动到"姓名"文本后，并用相同的方法为其他文本项目插入TextInput、RadioButton、ComboBox等组件，如图7-29所示。

（2）选择"性别"RadioButton组件，在"属性"面板中设置"实例名称""groupName""label"分别为"_ll""Radio-sex""男"，并选中"selected"复选框，如图7-30所示。为"性别"的另一个组件设置属性，设置"实例名称""groupName""label"分别为"_vv""Radio-sex""女"。

图7-29　插入组件　　　　　　　图7-30　设置"性别"组件的属性

（3）使用相同的方法，设置"喜爱"RadioButton组件的"实例名称"分别为"_love1"~"_love13"，"groupName"为"love"，"比较"RadioButton组件的"实例名称"分别为"_bijiao1"~"_bijiao3"，"groupName"为"bijiao"，设置"姓名"和"年龄"的TextInput组件的"实例名称"分别为"_name""_age"，设置"提交调查"Button组件的"实例名称"为"_tijiao"。分别设置"_love1"~"_love13"和"_bijiao1"~"_bijiao3"的label值为图7-31所示的效果。

（4）选择"学历"ComboBox组件，在"属性"面板中设置"实例名称"为"_xueli"，然后单击 ✎ 按钮，如图7-32所示。

图7-31　设置多个组件的属性　　　　　图7-32　设置"学历"组件的属性

（5）打开"值"对话框，在"值"对话框中单击➕按钮添加3个选项，分别输入项目名称为"研究生""本科""专科"，并设置date值，然后单击 确定 按钮，如图7-33所示。

（6）选择"建议"List组件，使用与步骤（3）相同的方法为该组件添加3个选项，然后分别输入label值，并分别设置date值为"jianyi1"～"jianyi3"，效果如图7-34所示。

图7-33　为组件添加选项

图7-34　为List组件添加选项

（7）新建"图层5"，并重命名为"Action"，然后打开"动作"面板，输入问题组件对象脚本，如图7-35所示。

（8）为"提交调查"按钮输入脚本，用于将用户在"最新调查"页面选择的结果保存到"调查结果"页面中，如图7-36所示。

```
stop();
var temp:String = "";
var love:String = "非常喜欢";
var bijiao:String = "发展很快";
var jianyi:String = "";
//对动漫的喜爱程度
function clickHandler2(event:MouseEvent):void
{
    love = event.currentTarget.label;
}
_love1.addEventListener(MouseEvent.CLICK, clickHandler2);
_love2.addEventListener(MouseEvent.CLICK, clickHandler2);
_love3.addEventListener(MouseEvent.CLICK, clickHandler2);
//现在的动漫与以前的比较
function clickHandler3(event:MouseEvent):void
{
    bijiao = event.currentTarget.label;
}
_bijiao1.addEventListener(MouseEvent.CLICK, clickHandler3);
_bijiao2.addEventListener(MouseEvent.CLICK, clickHandler3);
_bijiao3.addEventListener(MouseEvent.CLICK, clickHandler3)
//你对现在动漫的建议：
function showData(event:Event)
{
    jianyi = event.target.selectedItem.label;
}
_jianyi.addEventListener(Event.CHANGE, showData);
```

图7-35　输入问题组建对象脚本

```
function showData(event:Event)
{
    jianyi = event.target.selectedItem.label;
}
_jianyi.addEventListener(Event.CHANGE, showData);
//提交按钮事件
function _tijiaoclickHandler(event:MouseEvent):void
{
    //取得当前的数据
    temp = "姓名:" + _name.text + "\r\r性别:";
    if (_vv.selected)
    {
        temp += _vv.value;
    }
    else if (_ll.selected)
    {
        temp += _ll.value;
    }
    temp += "\r\r年龄:" + _age.text + "\r\r学历:" + _xueli.selectedItem.
    temp += "\r\r现在的动漫与以前的比较:" + bijiao;
    temp += "\r\r你对现在动漫的建议:\r\r" + jianyi;
    //跳转
    this.gotoAndStop(2);
}
_tijiao.addEventListener(MouseEvent.CLICK, _tijiaoclickHandler);
```

图7-36　输入脚本

（9）在"组件"图层的第2帧处按【F7】键插入空白关键帧，用"文本工具"［Ｔ］添加一个文本框，在其"属性"面板中设置名称为"_result"，然后添加一个"返回"Button组件，设置"实例名称""lable"分别为"返回""_back"，如图7-37所示。

（10）在"Action"图层的第2帧处按【F6】键插入关键帧，在"动作"面板中输入显示调查结果的文本信息和跳转到第1帧事件的脚本，如图7-38所示。

图7-37 添加组件

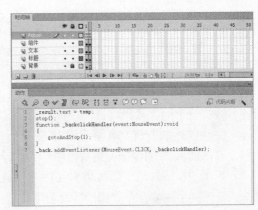

图7-38 输入脚本

（11）制作完成后保存文档，按【Ctrl+Enter】组合键测试动画效果，如图7-39所示。

图7-39 "动漫调查"动画测试效果

实训一 制作"声音控制"效果

【实训要求】

本实训将为动画创建一个按钮，使用代码片段为按钮添加动作脚本，实现加载外部声音并进行播放和停止播放的操作。本实训的效果如图7-40所示。

效果文件

"声音控制"效果

图7-40 "声音控制"效果

【实训思路】

在制作时先导入素材，新建影片剪辑元件，然后为按钮添加动作脚本。

素材所在位置	素材文件\项目七\实训一\声音控制\
效果所在位置	效果文件\项目七\实训一\"声音控制"效果.fla、gz.mp3

【步骤提示】

微课视频

制作"声音控制"效果

（1）新建一个动画文档，将"声音控制"文件夹中除"gz.mp3"音频文件以外的所有文件导入"库"面板中，并从"库"面板中将"背景.jpg"图像拖曳到舞台中作为背景。

（2）新建"按钮外围"影片剪辑元件并创建补间动画，然后在第24帧处添加关键帧，在"属性"面板中设置"旋转"为"1次"。

（3）制作"按钮"元件，新建"图层2"，将"按钮外围"影片剪辑元件拖曳到舞台右下角的位置。新建"图层3"，拖入"按钮"元件，并放在"按钮外围"元件上面。

（4）新建"图层4"，打开"代码片断"面板，展开"音频和视频"文件夹，双击其下方的"单击以播放/停止声音"选项，在第1帧处添加ActionScript脚本。

（5）将素材文件夹中的"gz.mp3"音频文件复制到保存本动画文档的文件夹中。在"动作"面板中，将第21行文本"http://www.helpexamples.com/flash/sound/song1.mp3"修改为"gz.mp3"。

实训二　制作"烟花"动画效果

【实训要求】

本实例将根据提供的位图素材制作"烟花"动画效果，主要练习 ActionScript 3.0的条件、循环语句及影片属性的应用等操作，本实训的参考效果如图7-41所示。

【实训思路】

本实训并不需要制作"烟花"动画，而是使用 ActionScript 3.0脚本对简单动画进行编写以实现逼真的效果。

效果文件

"烟花"动画效果

图7-41　"烟花"动画效果

素材所在位置	素材文件\项目七\实训二\烟花背景.jpg
效果所在位置	效果文件\项目七\实训二\烟花效果.fla

【步骤提示】

（1）新建一个ActionScript 3.0动画文档，将"烟花背景.jpg"导入舞台上作为背景，绘制一幅烟花图像，并将其转换为"烟花1"图形元件。

（2）新建"烟花2"影片剪辑元件，制作"烟花"移动的补间动画的影片剪辑元件，并定义"实例名称"为"yh"。

（3）新建"烟花3"影片剪辑元件，在"图层1"中拖入"烟花1"元件。新建"图层2"，添加 ActionScript 脚本，在 for和function语句中应用 Math.random() 方法，产生随机颜色的烟花效果。

（4）返回主场景，新建"图层2"，并重命名为"action"，在第1帧处添加ActionScript脚本，定义数组，然后在 if 语句中为数组赋值。

（5）完成制作，保存动画文档，按【Ctrl+Enter】组合键测试动画效果。

微课视频

制作"烟花"动画效果

常见疑难问题解析

问：在"动作"面板中，按照书上的语句输入后，为什么在检查语句时却出现错误？

答：出现这种情况通常有两个原因，一是在输入语句的过程中，输入了错误的字母或字母的大小写有误，使得Flash CS6无法正常判断语句，对于这种情况，应仔细检查输入的语句，并对错误进行修改；二是输入的标点符号采用了中文格式，即输入了中文格式的分号、冒号或括号等，在Flash CS6中，ActionScript语句只能采用英文格式的标点符号，此时可将标点符号的输入格式设置为英文状态，重新输入标点符号。

问：为按钮添加了代码，为什么单击不能跳转到第2帧？

答：可能是因为没有对按钮进行实例命名或命名不正确，按钮的实例名称一定要和语句中引用的名称保持一致，在制作过程中可以将组件的实例名称记录下来，在编写语句时对照着进行编写，以免出错。

拓展知识

1. 编译ActionScript 3.0脚本

除了可在Flash CS6中编译ActionScript 3.0脚本外，还可以使用Adobe Flex Builder开发环境进行编译。Adobe Flex Builder是一个由Eclipse平台扩展而成的集成开发环境（Intergrated Development Environment,IDE），用来开发互联网应用程序（Rich Internet Application，RIA）和跨平台应用程序，尤其是Adobe Flash平台的应用程序。使用Adobe Flex Builder创建ActionScript 3.0应用程序比较简单，只要在计算机中安装了Adobe Flex Builder，就可以得到一些工具，甚至不需要考虑创建多个（AS和FLA）文件和确认它们是否保存在正确的位置，用户要做的只是创建相应的类并编译它们。

2. 修改组件的外观

组件的外观可以修改。如要修改鼠标指针移动到按钮上时Button组件的颜色，可以双击该Button组件，进入编辑窗口，然后双击"selected_over"外观，在元件编辑模式下打开它，将"缩放控制"设置为"400%"，放大图标以便进行编辑，选择"fill"图形区域，在"颜色"面板中重新设置颜色即可。

课后练习

（1）本练习将制作"动态风光相册"效果，完成后的效果如图7-42所示。

图7-42　"动态风光相册"效果

素材所在位置　素材文件\项目七\课后练习\相册\
效果所在位置　效果文件\项目七\课后练习\动态风光相册.fla

（2）本练习将制作"交互式滚动"广告，完成后的效果如图7-43所示。

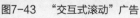

图7-43　"交互式滚动"广告

素材所在位置　素材文件\项目七\课后练习\巧克力\
效果所在位置　效果文件\项目七\课后练习\交互式滚动广告.fla

项目八
Flash动画后期制作

情景导入

　　"我制作的Flash动画完成后发布到网上，要用很长时间才能打开并看到动画播放效果，这是为什么啊？"米拉不解地问老洪。"可能是你的Flash文件没有进行优化，导致文件太大了，造成网络下载文件需要花费较多的时间。"老洪继续解释道："另外，完成制作后还要对Flash动画进行测试，包括播放效果是否正常、脚本运行是否正常等。"

学习目标

●　掌握动画的优化方法
　　如优化动画、测试脚本动画、预览动画等。

●　掌握动画的发布方法
　　如设置发布格式、发布预览、发布动画、创建独立的播放器、发布AIR for Android应用程序、发布AIR for iOS应用程序、导出影片等。

案例展示

▲优化"称赞"动画

▲发布"风景"动画

任务一　优化"称赞"动画

测试动画的操作贯穿整个Flash动画的制作过程，用户应该养成按【Ctrl+Enter】组合键随时测试动画的习惯。在Flash动画制作后期，还应该对Flash动画进行优化，缩小Flash文件，利于Flash动画在播放时快速加载。本任务将具体讲解优化与测试Flash动画的方法。

一、任务目标

本任务将优化"称赞"动画。操作过程包括测试并修改动画与优化动画，通过该操作可使动画更加完美、播放效果更加流畅。通过本任务的学习，用户可以掌握Flash动画的优化与测试方法。本任务完成后的效果如图8-1所示。

素材所在位置　素材文件\项目八\任务一\"称赞"动画.fla、fcmd.mp3
效果所在位置　效果文件\项目八\任务一\称赞.fla、称赞.html

效果文件

"称赞"动画

图8-1　优化"称赞"动画

二、相关知识

本任务涉及优化动画、测试动画、测试脚本动画、预览动画等操作，以及影响动画性能的因素，下面分别对相关知识进行介绍。

（一）优化动画

随着Flash动画文档增大，其下载和播放的时间也有所增加。此时可以采取多个操作步骤来优化文档，以获得最佳的动画播放质量。在Flash动画发布过程中，Flash CS6会自动对动画文档进行一些优化，而在导出动画文档之前，还可以使用多种策略来减小文件，从而对其进行进一步的优化，也可以在发布时压缩SWF文件以减小动画文档，达到优化动画的目的。进行更改时，可以预先在各种计算机、不同的操作系统和网页上运行动画文档以对其进行测试。优化动画中各个项目的目的是保证动画最终呈现的效果一致，同时动画效果要尽量完美，下载和传播的速度要尽量快，播放时要尽量流畅。优化动画主要包括7个方面，下面分别进行介绍。

1. 优化动画文档

对Flash动画文档的整体与细节进行优化，可以有效地减小动画文档。对动画文档进行优化一般可以从以下6个方面进行。

● 对于在Flash动画中多次出现的元素，最好使用元件、动画片段或者场景动画。

● 创建Flash动画序列时，尽可能使用补间动画。补间动画所占用的空间要小于关键帧动画。

- 对于动画序列，要使用影片剪辑元件，而不使用图形元件。
- 限制每个关键帧中的改变区域，在尽可能小的区域内执行动作。
- 避免使用动画式的位图元素，使用位图图像或者静态元素作为背景。
- 尽可能使用MP3这种占用内存小的声音格式。

2. 优化元素和线条

对Flash动画文档中的元素和线条进行优化能最大限度地压缩动画文档。优化元素和线条可以从以下3个方面进行。

- 将所有能组合的对象组合起来。
- 使用图层将动画过程中发生变化的元素与保持不变的元素分离。
- 限制特殊线条类型（如虚线、点线、锯齿线等）的数量。用"铅笔工具"创建的线条比"刷子工具"创建的线条占用的内存小。

3. 加快动画文档显示速度

若要加快动画文档的显示速度，可以使用"视图"菜单中的命令关闭呈现品质功能，该功能需进行额外的计算，因此会降低动画文档的显示速度。其方法为：选择【视图】/【预览模式】菜单命令，然后在弹出的子菜单中进行选择。Flash CS6中的预览模式如下。

- **轮廓：**只显示场景中的轮廓，从而使所有线条都显示为细线。这样就更容易改变图形元素的形状，以及快速显示复杂场景。
- **高速显示：**关闭消除锯齿功能，并显示绘制的所有颜色和线条样式。
- **消除锯齿：**打开线条、形状和位图的消除锯齿功能并显示形状和线条，从而使屏幕上显示的形状和线条的边缘更为平滑。但绘画速度比"高速显示"选项的速度要慢很多。消除锯齿功能在提供数千（16位）或上百万（24位）种颜色的显卡上的处理效果最好。在16色或256色模式下，黑色线条尽管平滑，但是颜色的显示在快速模式下可能会更好。
- **消除文字锯齿：**平滑所有文本的边缘。在处理较大的文字时效果最好，如果文本数量太多，则速度会较慢。这是最常用的预览模式。
- **整个：**完全呈现舞台上的所有内容，但可能会减慢显示速度。

4. 优化文本和字体

对文本和字体进行优化能使Flash动画文档变得更小，所以在优化动画文档时，优化文本和字体也是优化的重要步骤。优化文本和字体可以从以下两个方面进行。

- 限制字体和字体样式的数量。尽量少用嵌入字体，因为它们会增大文件。
- 对于必须嵌入的字体，只选择需要的字符，而不选择所有文本。

5. 优化颜色

在Flash 动画中使用过于丰富的颜色，不仅在播放时不能完全将制作的颜色展示出来，还会增大动画文档。优化颜色可以从以下4个方面进行。

- 使用元件"属性"检查器中的"颜色"菜单，可为单个元件创建很多不同颜色的实例。
- 使用"颜色"面板，可使文档的调色板与浏览器特定的调色板相匹配。
- 避免使用渐变色，因为渐变色要求对多种颜色进行计算处理，计算机处理器完成比操作的难度较大，使用渐变色填充区域比使用纯色填充区域大概多50个字节。

● 在颜色中尽量少用透明度。

6. 优化动画和图形

在优化动画和图形之前，应对动画文档进行概括和计划，为文件大小和动画长度制定一个目标，在整个开发过程中对Flash动画进行测试，并遵循以下5个优化准则。

● 优化位图时不要对其进行过度压缩，72dpi的分辨率最适合Web使用。压缩位图图像可减小文件，但过度压缩将降低图像质量。可以检查"发布设置"对话框中的JPEG品质，确保未过度压缩图像。在大多数情况下，最佳做法是将图像转换为矢量图形。使用矢量图形可以减小文件，因为它是通过计算（而非通过许多像素）产生图形的。还需在保持图形质量的同时限制图形中的颜色数量。

● 将_visible属性设置为false，而不是将SWF文件中的_alpha级别更改为0或1。计算舞台上实例的_alpha级别将占用大量处理器资源。如果禁用实例的可见性，则可以节省CPU周期和内存，从而使SWF文件的动画播放更加平滑。通常无须卸载和重新加载资源，只需将_visible属性设置为false，即可减少对处理器资源的占用。

● 减少在SWF文件中使用线条和点的数量。使用"优化曲线"对话框（选择【修改】/【形状】/【优化】菜单命令打开）来减少绘图中的线条数量。选择"使用多重过渡"选项可执行更多优化操作。还可优化曲线以减小文件，从而提高SWF文件的性能。

● 对于元件实例或图形应保持Alpha值或透明度数量在最低限度。

● 位图之上的动画透明图形是一种占用大量处理器资源的动画，因此必须使其使用次数保持在最低限度，或完全避免使用透明图形。

7. 优化动画帧速率和性能

在向应用程序中添加动画时，需要考虑为FLA文件设置的帧速率，因为帧速率可能影响SWF文件，以及播放该文件的计算机性能。在使用了许多资源或使用ActionScript脚本创建动画时，将帧速率设置得过高可能会导致处理器出现问题，因此要合理设置帧速率。

（二）影响动画性能的因素

尽管制作Flash动画的方式和效果是多样化的，但是，有些因素可能会影响动画的播放性能，因此应根据这些因素的特点，对其在动画内使用的方式和效果做出最佳选择。常见的影响动画性能的因素包括3种，下面分别进行介绍。

1. 使用位图缓存

位图缓存就是把矢量图缓存成位图，若要减轻计算机CPU的运算压力，只需设置属性参数即可。在以下3种情形中使用位图缓存，可以有效提升Flash动画播放质量和效果。

● 包含矢量数据和复杂背景图像时。若要提高性能，将内容存储到影片剪辑中，然后将opaqueBackground属性设置为true，背景将呈现为位图，可以重新绘制，以便更快地播放动画。

● 在滚动文本字段中显示大量文本时。将文本字段放置在滚动框（scrollRect属性）设置为可滚动的影片剪辑中，能够加快指定实例的像素滚动。

● 窗口系统具有重叠窗口，且每个窗口都可以打开或关闭（如Web浏览器窗口）时。如果将每个窗口标记为一个表面（将cacheAsBitmap属性设置为true），则各个窗口将隔离开并进行缓存。用户可以拖曳窗口使其互相重叠，每个窗口无须重新生成矢量图形内容。

2. 使用滤镜

由于附加了滤镜的影片剪辑有两个32位位图，因此，如果在应用程序中过多使用滤镜，会占用计算机大量内存，导致计算机操作系统出现内存不足的现象，从而影响Flash Player的性能。当然，在现在的计算机中，内存不足的现象应该很少出现，除非在一个应用程序中过多地使用了滤镜效果（如在舞台中存在数千个位图）。如果确实遇到内存不足的现象，则将出现以下3种情况。

- 滤镜数组被忽略。
- 使用常规矢量渲染器绘制影片剪辑。
- 不为影片剪辑缓存任何位图。

3. 使用运行时共享库

有时可以使用运行时共享库来缩短下载时间。对于较大的应用程序或当某站点上的许多应用程序使用相同的组件或元件时，共享库通常是必需的。使用共享库的第一个SWF文件的下载时间较长，因为需要加载SWF文件和库。共享库将放在用户计算机的缓存中，所有后续SWF文件将使用该库。对于一些较大的应用程序，这一过程可以快速缩短下载时间。

（三）测试动画

在发布和导出Flash动画之前，必须对动画进行测试，通过测试可以检查动画是否能正常播放，播放效果是否是用户预期的效果，并检查动画中是否有明显的错误，以及模拟不同的网络带宽对动画的加载和播放情况进行检测，从而确保动画既有好的质量，又能流畅地在网络上播放。

1. 测试下载性能

Flash Player会尝试满足Flash动画文档所设置的帧速率，播放期间的实际帧速率可能会因计算机不同而有所差异。如果正在下载的动画文档到达了某个特定的帧，但是该帧所需的数据尚未下载，则动画文档会暂停下载，直到数据下载完成为止。

若要以图形化方式查看下载性能，可以使用"带宽设置"根据指定的调制解调器速度显示为每个帧发送的数据量。在模拟下载速度时，Flash CS6使用典型Internet性能的估计值，而不是精确的调制解调器速度。选择模拟速度为28.8kbit/s的调制解调器，Flash CS6会将实际速率设置为2.3kbit/s，以反映典型的Internet性能。"带宽设置"还针对SWF文件新增的压缩支持进行补偿，从而减小了文件并改善了数据流性能。

当外部SWF文件、GIF文件、XML文件及变量通过ActionScript调用（如loadMovie和getUrl）流入播放器时，数据将按数据流设置的速率流动。当带宽因为出现其他数据请求而减少时，SWF文件的流速率也会降低。这就需要在计算机上以各种速度测试文档，确保文档在最慢的网络连接和计算机上都不会出现过载情况。

2. 生成最终报告

在"发布设置"对话框中选中"生成大小报告"复选框，Flash CS6可以生成一个扩展名为.txt的最终效果报告文件，如果动画文档为myMovie.fla，则文本文件为myMovieReport.txt。报告会逐帧列出各帧的大小、形状、文本、声音、视频和ActionScript脚本。

（四）测试脚本动画

使用测试窗口虽然能对动画的效果进行测试，但若是对有脚本的动画进行测试，则其中的脚本并不能得到有效的检查。Flash 行业中测试含有脚本的 Flash 动画时都会使用调试功能调试动画中的脚本，保证其正确性。用户可在本地或远程使用 ActionScript 2.0 调试器、调试

ActionScript 3.0脚本和远程调试测试脚本动画。下面将分别进行讲解。

1. ActionScript 2.0调试器

没有包含ActionScript脚本的动画不能被调试，而包含ActionScript脚本的动画最好被调试。调试动画的方法为：打开要测试的动画，选择【窗口】/【调试面板】/【ActionScript 2.0调试器】菜单命令，打开"ActionScript 2.0调试器"面板。此时调试器处于非活动状态，在该面板中可检查ActionScript 1.0、ActionScript 2.0中的错误。

选择【调试】/【调试影片】/【在Flash Professional中】菜单命令，在"ActionScript 2.0调试器"面板中将会显示当前Flash动画中的影片剪辑的分层显示列表，如图8-2所示。

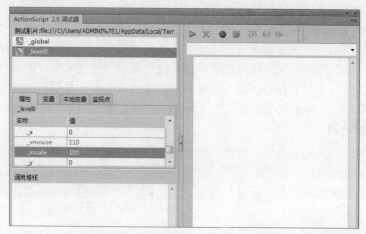

图8-2 "ActionScript 2.0调试器"面板

在"ActionScript 2.0调试器"面板上方单击"播放"按钮▷可控制动画的播放，在播放时将显示变量和属性的值。单击"停止"按钮●可以使用断点停止播放动画并逐行跟踪脚本。用户返回脚本，即可对其进行修改。

2. 调试ActionScript 3.0脚本

ActionScript 3.0脚本和ActionScript 2.0脚本的调试方法有所不同。调试ActionScript 3.0脚本时，用户只需打开需调试的动画文档，选择【调试】/【调试影片】/【调试】菜单命令，此时Flash CS6会重新打开一个显示调整工作区。该工作区中包含"动作"面板、"调试控制台"面板、"变量"面板和"输出"面板等。其中，"调试控制台"面板用于显示调用的堆栈，该面板中还集成了用于跟踪脚本的工具。"变量"面板用于显示当前一定范围内的变量数值。图8-3和图8-4所示分别为"调试控制台"面板和"变量"面板。

图8-3 "调试控制台"面板

图8-4 "变量"面板

3. 远程调试

当用户需要远程对Flash动画进行调试时，可使用Debug Flash Player的独立版本、ActiveX版本调试远程的SWF文件。需要注意的是，调试这类SWF文件时，必须确保调试的文件和远程计算机在同一本地主机上，且有独立调试播放器、ActiveX插件等。

在JavaScript或HTML环境中进行调试时，用户可以在ActionScript中查看调试文件的变量。为了安全，用户可以设置调试密码来增强安全性。此外，在存储SWF文件中的变量时，一定要将变量发送到本地主机端的应用程序中，而且不要存储在文件中。

（五）预览动画

在正式发布之前可以对动画格式进行预览，以检查发布设置是否合适。根据发布格式的设置，可以对动画进行该格式的预览。根据格式预览动画的方法如下。

● 预览SWF动画：选择【文件】/【发布预览】/【Flash】菜单命令，打开SWF预览窗口。
● 预览HTML文档：选择【文件】/【发布预览】/【HTML】菜单命令，打开HTML预览窗口。

多学一招

允许远程调试动画

若要远程调试动画，一定要在"发布设置"对话框中选中"允许调试"复选框。

三、任务实施

（一）转换元件

下面进行元件的转换并优化，其具体操作如下。

（1）打开"称赞.fla"动画文档，锁定所有图层，解锁"图层1"，使用"墨水瓶工具" 为背景图形填充轮廓，如图8-5所示。

（2）隐藏锁定的图层，选择"图层1"中的所有曲线，选择【修改】/【形状】/【优化】菜单命令，在打开的"优化曲线"对话框中设置"优化强度"为"60"，单击 确定 按钮，如图8-6所示。

微课视频

转换元件

图8-5 填充轮廓

图8-6 优化曲线

（3）重新选择"小树"图形，然后按【F8】键，在打开的"转换为元件"对话框中设置"名称""类型"分别为"小树""图形"，单击 确定 按钮，如图8-7所示。

（4）重新选择并删除背景图形中的小树，从"库"面板中移动几个"小树"元件到舞台中，创建小树实例，调整小树的大小和位置，如图8-8所示。

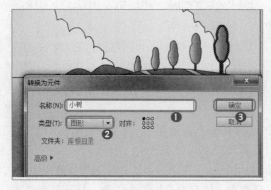

图8-7　转换为元件

图8-8　创建元件实例

（5）选择舞台中近处的草坪，使用"颜料桶工具" <img> 将其填充为"#00CC00"，将其由渐变色转换为纯色，如图8-9所示。

（6）选择所有轮廓，然后按【Delete】键将其删除，如图8-10所示。

图8-9　减少颜色渐变

图8-10　删除轮廓

（7）解锁"图层3"，删除房子的轮廓，按【F8】键打开"转换为元件"对话框，在其中设置"名称""类型"分别为"房子""图形"，单击 确定 按钮，如图8-11所示。

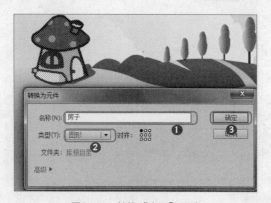

图8-11　转换"房子"元件

（二）优化文字并导入声音

下面将对文字进行优化并导入声音，其具体操作如下。

（1）显示所有图层。选择"刺猬"动画图层的所有帧，单击鼠标右键，在弹出的快捷菜单中选择"复制帧"命令，如图8-12所示。

（2）新建"刺猬"影片剪辑元件，在第1帧处单击鼠标右键，在弹出的快捷菜单中选择"粘贴帧"命令，粘贴"刺猬"的动作，如图8-13所示。

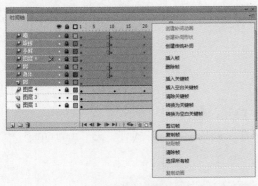

图8-12　复制帧

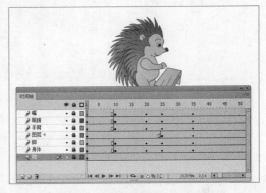

图8-13　创建"刺猬"影片剪辑元件

多学一招

复制所有帧

　　选择"刺猬"动画图层的所有帧后，选择【编辑】/【时间轴】/【复制帧】菜单命令，也可完成复制帧操作。

（3）新建"叶子1"影片剪辑元件，用相同的方法将"图层4"中的所有帧复制到"叶子1"影片剪辑元件中，创建"枫叶"动画影片，如图8-14所示。

（4）删除动画片段图层后，新建两个图层，并从"库"面板中分别将"刺猬"元件和"叶子1"元件移动到新建图层的第1帧中，如图8-15所示。

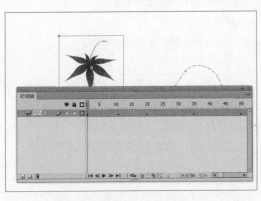

图8-14　创建"枫叶"动画影片

图8-15　新建图层

（5）在"库"面板中分别双击文本元件，打开文字编辑窗口，选择文字，将字体设置为"宋体"，并删除其应用的滤镜效果，效果如图8-16所示。

（6）使用音频处理软件，将WAV格式的声音文件转换为MP3格式的声音文件，如图8-17所示。

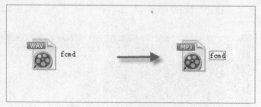

图8-16　优化文字　　　　　　　　　　　　　　图8-17　转换声音格式

（7）选择【文件】/【导入】/【导入到库】菜单命令，将"fcmd.mp3"声音文件导入"库"
　　 面板中。新建图层，并选择第1帧，在"属性"面板中设置"名称"为"fcmd.mp3"，
　　 为动画添加声音，如图8-18所示。

图8-18　导入声音

（8）保存文档，按【Ctrl+Enter】组合键进行动画测试，完成整个动画的优化与测试。

任务二　发布"风景"动画

　　用Flash CS6制作的动画，其源文件格式为FLA，在完成Flash动画的制作后，需要把FLA格式
的文件发布成便于在网上发布或在计算机中播放的格式文件。本任务将发布"风景"动画。

一、任务目标

　　本任务将练习发布"风景"动画，通过本任务的学习，用户可以掌握发布动画的方法。
本任务完成后的效果如图8-19所示。

素材所在位置　素材文件\项目八\任务二\风景.fla
效果所在位置　效果文件\项目八\任务二\风景\

图8-19　发布"风景"动画

二、相关知识

本任务涉及设置发布格式、发布预览、发布动画、创建独立的播放器、发布AIR for Android应用程序、发布AIR for iOS应用程序、导出影片等知识，下面分别对相关知识进行介绍。

（一）设置发布格式

在默认情况下，使用"发布"命令就可以创建 SWF 格式的文件。除了可以将文件发布成SWF格式的文件，还可以使用"发布格式"命令发布为其他格式。

在发布Flash动画时，最好创建一个文件夹来保存发布的文件。选择【文件】/【发布设置】菜单命令，打开"发布设置"对话框，选择Flash动画可发布的格式类型。具体的格式包括Flash(.swf)、SWC、HTML包装器、GIF图像、JPEG图像、PNG图像和Win放映文件、Mac放映文件。

默认情况下，动画的发布会使用与Flash文件相同的名称，如果要修改，可以在"输出文件"文本框中输入要修改的名称。不同格式文件的扩展名不同，在自定义文件名称时不能修改扩展名。

完成发布设置后，单击 确定 按钮即可。选择【文件】/【发布】菜单命令，然后直接单击 发布(P) 按钮，可以将动画发布到源文件所在的文件夹中。

1. SWF文件的发布设置

在"发布设置"对话框中SWF格式为默认选中状态。选中"Flash(.swf)"复选框，对SWF格式文件进行发布设置，如图8-20所示。该发布设置中的主要参数及作用如下。

● **"目标"下拉列表框**：用于选择播放器版本。
● **"脚本"下拉列表框**：用于选择ActionScript版本。如果选择"ActionScript 3.0"并创建了类，则单击"设置"按钮 来设置类文件的相对类路径。
● **"JPEG 品质"选项**：调整"JPEG品质"数值，可以控制位图的压缩品质。数值越小，图像品质越低，生成的文件就越小；数值越大，图像品质越高，生成的文件就越大。
● **"音频流"和"音频事件"选项**：单击"音频流"或"音频事件"选项后的超链

接，然后在打开的对话框中根据需要选择相应的选项，可以为SWF文件中的所有声音流或事件声音设置采样率和压缩比。

● **"覆盖声音设置"复选框**：若要覆盖在"属性"检查器的"声音"部分中为个别声音指定的设置，则需选中该复选框。

● **"导出设备声音"复选框**：若要导出适合设备（包括移动设备）的声音而不是原始库声音，则需选中该复选框。

● **"压缩影片"复选框**：（默认为选中状态）压缩SWF文件将减小文件和缩短下载时间。

● **"包括隐藏图层"复选框**：（默认为选中状态）导出Flash文件中所有隐藏的图层。取消选中该复选框将阻止把生成的SWF文件中标记为隐藏的所有图层（包括嵌套影片剪辑）导出。

● **"包括XMP元数据"复选框**：（默认为选中状态）单击其后的 ✎ 按钮，在打开的对话框中输入要导出的所有元数据。

● **"生成大小报告"复选框**：选中该复选框，可生成一个报告，按文件列出最终Flash动画中的数据量。

● **"省略trace语句"复选框**：选中该复选框，可忽略当前SWF文件中的ActionScript trace语句。

● **"允许调试"复选框**：选中该复选框，可激活调试器并允许远程调试SWF文件。

● **"防止导入"复选框**：选中该复选框，可防止其他用户导入SWF文件并将其转换为FLA文件。可使用密码来保护SWF文件。

● **"密码"文本框**：用于设置密码，可防止他人调试或导入SWF文件。

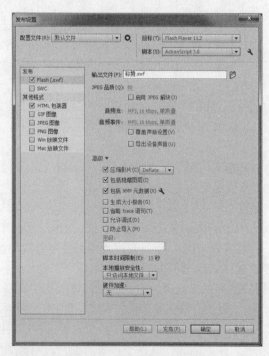

图8-20　SWF文件的发布设置

2. HTML 文档的发布设置

在"发布设置"对话框中，HTML格式为默认选中状态。选中"HTML包装器"复选框，可对HTML文档进行发布设置，如图8-21所示。该发布设置中的主要参数及作用如下。

● **"模板"下拉列表框**：用于选择模板。

● **"大小"选项**：用于设置object和embed标记中宽和高属性的值。

● **"播放"栏**：可以选中相应的复选框来设置播放的方式。

● **"品质"下拉列表框**：用于设置object和embed标记中QUALITY参数的值。

● **"窗口模式"下拉列表框**：用于控制object和embed标记中的wmode属性。窗口模式可修改内容边框或虚拟窗口与HTML页中内容的关系。

● **"缩放"下拉列表框**：用于设置缩放方式。

● **"HTML对齐"下拉列表框**：用于设置HTML的对齐方式，如顶部对齐、左对齐等。

● **"Flash水平对齐"下拉列表框**：用于在测试窗口中的水平方向定位SWF文件窗口。

● **"Flash垂直对齐"下拉列表框**：用于在测试窗口中的垂直方向定位SWF文件窗口。

3. GIF文件的发布设置

使用GIF文件可以导出图像和简单动画，以供在网页中使用。在"发布设置"对话框的"其他格式"栏中选中"GIF图像"复选框，可对GIF格式文件进行发布设置，如图8-22所示。该发布设置中的主要参数及作用如下。

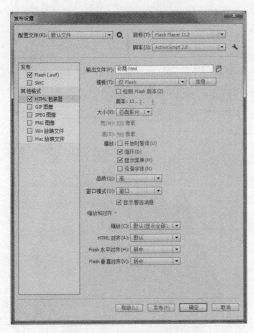

图8-21 HTML文档的发布设置

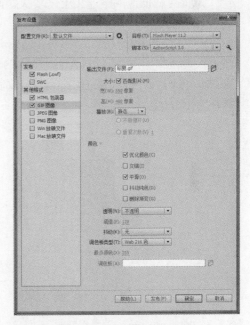

图8-22 GIF文件的发布设置

● **"大小"选项**：可输入导出位图图像的宽度和高度值（以像素为单位），或选中"匹配影片"复选框，使GIF和SWF文件大小相同。

● **"播放"下拉列表框**：用于确定Flash CS6创建的是静止图像还是GIF动画。如果在该下拉列表框中选择"动画"选项，可设置不断循环或输入重复次数。

● **"颜色"栏**：用于调整导出的GIF文件的外观。

● **"透明"下拉列表框**：用于确定应用程序背景的透明度，以及通过设置Alpha值来确定GIF图像的透明方式。

- **"抖动"下拉列表框**：用于指定如何组合可用颜色的像素来模拟当前调色板中没有的颜色。抖动可以改善颜色品质，但也会增大文件。
- **"调色板类型"下拉列表框**：用于定义图像的调色板，其中"Web 216色"选项表示使用标准的Web安全216色调色板来创建GIF图像；"最合适"选项表示分析图像中的颜色，并为所选GIF文件创建唯一的颜色表；"接近Web最适色"选项与"最合适"选项相同；"自定义"选项表示指定已针对所选图像进行优化的调色板。

4. JPEG文件的发布设置

JPEG格式文件可将图像保存为高压缩比的24位位图，方便用户在网页中浏览。在"其他格式"栏中选中"JPEG图像"复选框，可对JPEG格式文件进行发布设置，如图8-23所示。该发布设置中的主要参数及作用如下。

- **"大小"选项**：用于输入导出的位图图像的宽度和高度值（以像素为单位），或选中"匹配影片"复选框，使JPEG图像和舞台大小相同并保持原始图像的宽高比。
- **"品质"选项**：调整"品质"选项的数值，可控制JPEG文件的压缩量。数值越小，图像品质越低，文件越小；数值越大，图像品质越高，文件就越大。若要确定文件大小和图像品质之间的最佳平衡点，可尝试使用不同的数值。
- **"渐进"复选框**：选中该复选框，可在Web浏览器中增量显示渐进式JPEG图像，从而可在低速网络连接上以较快的速度加载图像。类似于GIF和PNG图像中的"交错"复选框。

5. PNG文件的发布设置

PNG格式是唯一支持透明度（Alpha通道）的跨平台位图格式。在"其他格式"栏中选中"PNG图像"复选框，可对PNG格式文件进行发布设置，如图8-24所示。该发布设置中的主要参数及作用如下。

图8-23　JPEG文件的发布设置

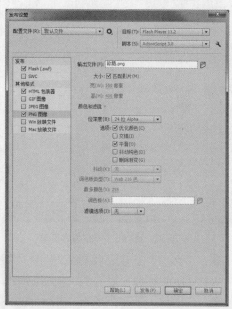

图8-24　PNG文件的发布设置

- **"大小"选项**：用于输入导出位图图像的宽度和高度值（以像素为单位），或者选中"匹配影片"复选框，使PNG和SWF文件大小相同。

- ● **"位深度"下拉列表框**：用于设置创建图像时要使用的每个像素的位数和颜色数。位深度越大，文件就越大。
- ● **"选项"栏**：用于设置导出的PNG文件的外观。
- ● **"抖动"下拉列表框**：作用与"GIF图像"的"抖动"一样，只有在选择"8位"位深度时才可用。
- ● **"调色板类型"下拉列表框**：定义图像的调色板，与"GIF图像"的设置相同。如果选择了"最合适"或"接近Web最适色"选项，则需输入一个"最多颜色"值来设置PNG图像中使用的颜色数量。颜色数量越少，生成的文件也越小，但可能会降低图像的颜色品质。
- ● **"滤镜选项"下拉列表框**：选择一种逐行过滤方法使PNG文件的压缩性更好，并用特定图像的不同选项进行试验。

6. Win和Mac放映文件的发布设置

若想在没有安装Flash Player的计算机上播放Flash动画，可将动画发布为可执行文件。需要播放时，双击可执行文件即可。在"发布设置"对话框的"其他格式"栏中选中"Win放映文件"复选框，影片将发布为适合Windows操作系统使用的EXE可执行文件；若在"其他格式"栏中选中"Mac放映文件"复选框，影片将发布为适合Mac操作系统使用的App可执行文件。需要注意的是，选中"Win放映文件"复选框或选中"Mac放映文件"复选框后，"发布设置"对话框中将只出现"输出文件"文本框。

（二）发布预览

设置好动画的发布属性后需要对其进行预览，如果对预览动画的效果满意，就可以对动画进行发布。发布预览的方法：选择【文件】/【发布预览】菜单命令，然后选择要预览的文件格式，即可打开该格式的预览窗口。如果预览QuickTime视频，则发布预览时会启动QuickTime VideoPlayer；如果预览放映文件，Flash会启动该放映文件，使用当前的"发布设置"值，并在FLA文件所在位置创建一个指定类型的文件，在覆盖或删除该文件之前，该文件会一直保留在此位置上。

（三）发布动画

用户在进行发布设置并发布预览后，就可以发布动画。发布动画的方法很简单，只需选择【文件】/【发布】菜单命令，或选择【文件】/【发布设置】菜单命令，在打开的"发布设置"对话框中进行参数设置后，单击 发布(P) 按钮即可。

| 多学一招 | **下载 Flash Player** |

Flash Player 可通过下载得到，打开百度搜索引擎，在搜索框中输入"Flash Player"，单击 百度一下 按钮，即可在打开的页面中找到相关下载列表。

（四）创建独立的播放器

发布出来的SWF文件如果需要直接播放，则用户的计算机中必须安装好Flash Player 9及以上版本的播放器，否则不能播放。用户也可以通过SWF播放窗口创建独立播放器。其方法为：在安装有Flash Player的计算机中打开扩展名为.swf的文件，选择【文件】/【创建播放器】菜单命令，在打开的"另存为"对话框中保存文件。打开保存播放器所在的目录，可以查看创建的播放器，即扩展名为.exe的文件。双击该EXE文件，可以直接打开动画文档并播放动画。

（五）发布AIR for Android应用程序

Flash CS6可以随意创建和预览AIR for Android应用程序。通过AIR for Android应用程序预览的动画的效果和在AIR应用程序中看到的相同，这种预览方法在计算机没有安装AIR相关应用程序来查看效果时很有用。

发布AIR for Android应用程序时要求发布的文档格式为AIR for Android。在编辑完动画文档后，选择【文件】/【AIR 3.2 for Android设置】菜单命令，或在"发布设置"对话框的"目标"下拉列表框中选择"AIR 3.2 for Android"选项，单击 发布(P) 按钮，打开"AIR for Android设置"对话框，在其中可对应用程序图标文件及包含的程序等进行设置，如图8-25所示。

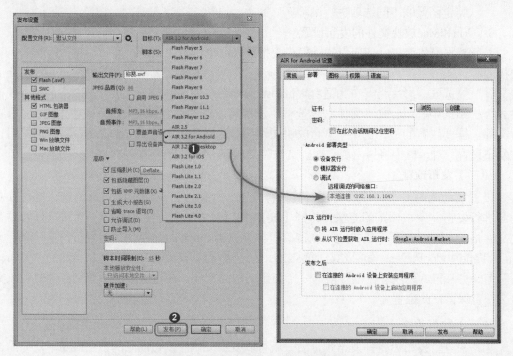

图8-25　发布AIR for Android应用程序

> **知识提示**
>
> ### AIR for Android 证书
>
> 在"部署"选项卡中创建的证书必须为指向有效的 AIR 代码的签名证书，其有效期至少到 2033 年。

（六）发布AIR for iOS应用程序

和发布AIR for Android应用程序相同，Flash动画也可发布为AIR for iOS应用程序。其方法为：选择【文件】/【AIR 3.2 for iOS设置】菜单命令，在打开的图8-26所示的"AIR for iOS设置"对话框中设置发布的高宽比、渲染模式、设备和分辨率等。需要注意的是，在发布前一定要确保文档格式为"AIR for iOS"。

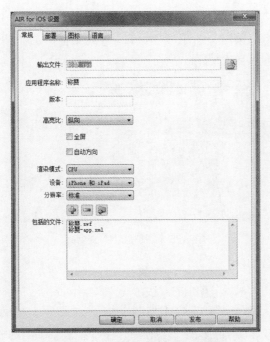

图8-26　"AIR for iOS设置"对话框

（七）导出

Flash动画除了可以发布为各种格式的文件外，还可以将文档中的图像、视频单独导出，导出的文件可以使用相关软件进行编辑或打开。下面讲解导出图像、导出视频的方法。

1. 导出图像

Flash CS6可以导出的图像格式包括SWF影片(.swf)、Adobe FXG(.fxg)、位图(.bmp)JPEG图像(.jpg,.jpeg)、GIF图像(.gif)、PNG(.png)等。导出图像的方法为：选择【文件】/【导出】/【导出图像】菜单命令，打开图8-27所示的"导出图像"对话框，选择保存文件的路径，在"保存类型"下拉列表框中选择图像格式，在"文件名"文本框中输入要保存的文件名，单击 保存(S) 按钮，即可保存导出的图像。

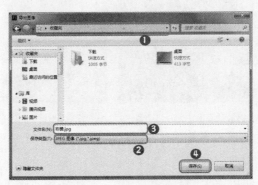

图8-27　"导出图像"对话框

2. 导出视频

当需要使用Flash动画中的视频时，可以将其单独导出。例如在导出包含音频流的FLV视频剪辑时，将使用"音频流"设置对音频进行压缩。导出视频的方法为：在"库"面板中选择要导出的视频剪辑，单击"库"面板底部的"属性"按钮 **ⓘ**，打开图8-28所示的"视频属性"对话框，单击 <del>轴…</del> 按钮，打开"导出 FLV"对话框，选择导出位置，输入文件的名称，单击 <del>保存(S)</del> 按钮，即可导出视频。

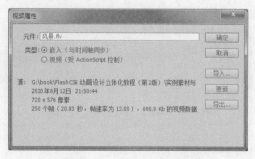

图8-28 "视频属性"对话框

三、任务实施

下面将具体讲解发布"风景"动画的方法，其具体操作如下。

（1）打开"风景.fla"动画文档，选择【控制】/【测试影片】/【测试】菜单命令，打开动画测试窗口。在窗口中仔细观察动画的播放情况，查看其是否有明显的错误，声音、视频文件是否能正常播放，如图8-29所示。

（2）在"库"面板中选择"风景音乐.MP3"声音文件，单击鼠标右键，在弹出的快捷菜单中选择"属性"命令，打开"声音属性"对话框，在其中设置"压缩"为"MP3"，单击 <del>确定</del> 按钮，如图8-30所示。

微课视频

发布"风景"动画

图8-29 播放动画

图8-30 设置声音属性

（3）选择【文件】/【发布设置】菜单命令，打开"发布设置"对话框，选中"Flash(.swf)"复选框，并设置"目标""脚本""JPEG品质"分别为"Flash Player 9""ActionScript 3.0""80"，选中"防止导入"复选框，并在其下方的"密码"文本框中输入密码"aaa"，单击"音频事件"后的超链接，如图8-31所示。

（4）打开"声音设置"对话框，设置"比特率""品质"分别为"20 kbps""中"，单击 <del>确定</del> 按钮。返回"发布设置"对话框，再单击 <del>发布(P)</del> 按钮，发布动画。此时在发布保存目录中将出现一个SWF文件和一个HTML文档，如图8-32所示。

图8-31 发布设置　　　　　　　　　　图8-32 设置压缩品质

实训一　导出"3D照片墙"图像

【实训要求】

本实训要求将"照片墙.fla"动画文档中的图像导出，主要通过【文件】/【导出】/【导出图像】菜单命令实现。本实训的参考效果如图8-33所示。

图8-33 导出"3D照片墙"图像

【实训思路】

在导出图像时，选择PNG图像类型进行导出。

素材所在位置　素材文件\项目八\实训一\照片墙.fla
效果所在位置　效果文件\项目八\实训一\照片墙\

【步骤提示】

（1）启动Flash CS6，打开"照片墙.fla"动画文档，并在场景中选择需
　　要导出的图像。

（2）选择【文件】/【导出】/【导出图像】菜单命令，在打开的"导
　　出图像"对话框中选择导出的位置，修改文件名与保存类型，单
　　击 保存(S) 按钮后即可将所选择的图像导出。

微课视频

导出"3D照片墙"
图像

（3）将文件保存后，文件的保存位置将出现一个"照片墙.assets"文件夹，在该文件夹中即
　　可找到被导出的图像。

（4）选择【文件】/【导出】/【导出图像】菜单命令，在打开的"导出图像"对话框中选择
　　导出的位置，并选择"保存类型"为"PNG"，最后单击 保存(S) 按钮。

（5）此时Flash动画当前场景中的内容皆以PNG格式导出到指定的位置。

实训二　发布"迷路的小孩"动画

【实训要求】

　　本实训将发布"迷路的小孩"动画并将其作为网站的进入动画，效果如图8-34所示。

效果文件

"迷路的小孩"
动画

图8-34　发布"迷路的小孩"动画

【实训思路】

　　在发布"迷路的小孩"动画前，需要打开动画文档并测试动画、模拟下载动画、设置发
布格式等，最后将其以SWF格式进行发布即可。

素材所在位置　素材文件\项目八\实训二\迷路的小孩.fla
效果所在位置　效果文件\项目八\实训二\迷路的小孩\

【步骤提示】

（1）打开"迷路的小孩.fla"动画文档，选择【控制】/【测试影片】/【测试】菜单命令或按
　　【Ctrl+Enter】组合键，打开动画测试窗口，在窗口中仔细
　　观察动画的播放情况，看其是否有明显的错误。

（2）在打开的动画测试窗口中，选择【视图】/【下载设置】菜单命
　　令，在弹出的子菜单中选择"56K(4.7KB/s)"命令，再选择【视
　　图】/【模拟下载】菜单命令，对指定带宽下动画的下载情况进
　　行模拟测试。

微课视频

发布"迷路的小孩"
动画

（3）选择【视图】/【带宽设置】菜单命令，查看动画播放过程中的数据流情况，关闭动画测试窗口。

（4）选择【文件】/【发布设置】菜单命令，打开"发布设置"对话框，在"发布"栏中选中"Flash(.swf)"复选框，并设置"目标""脚本"分别为"Flash Player 9""ActionScript 3.0"，并选中"生成大小报告"和"允许调试"复选框，使动画在发布时，同时产生相应的报告文件和调试文件并显示在"输出"面板中，以便用户了解动画发布的具体情况。

（5）由于该动画中没有涉及声音的应用，因此分别单击"音频流"和"音频事件"后面的超链接。在打开的"声音设置"对话框中，将"压缩"设置为"禁用"。

（6）选择【文件】/【发布预览】/【Flash】菜单命令，按照设置的发布参数，对动画发布的效果进行预览。确认无误后，选择【文件】/【发布】菜单命令，以SWF格式进行发布。

常见疑难问题解析

问：动画中的文本在不同的计算机中显示时为什么不一样？

答：出现这种情况的原因是Flash动画中使用了特殊字体，但其他用户的计算机中没有该字体，系统使用了其他字体进行代替，因此文本显示效果不一样。为了避免这种情况，可在制作Flash动画时使用常用字体，或将文本转换为矢量图形。

问：选择Flash动画中的图像并导出，为什么导出了其他图像？

答：Flash CS6并不会单独导出选择的图像，而是针对这一帧中舞台的显示效果进行导出，因此在导出时需要隐藏其他不需要导出的元素。

问：已安装闪客利器（Flash Saver），但将鼠标指针移动到动画中时为什么不显示工具条？

答：在网页中除了Flash动画可以实现动态效果外，GIF动画及采用HTML5、JS+图像轮播等技术都可以实现动态效果。如果用户将鼠标指针移动到这些格式的图像上，由于其本身并不是Flash动画，因此不会出现Flash Saver的工具条。

问：为什么插入网页中的Flash动画有白底，与网页背景不协调？

答：默认情况下Flash动画有背景颜色，这个颜色可在Flash CS6"属性"面板中进行设置。如果不想在网页中显示Flash动画的背景颜色，则可在"属性"面板的"wmode"下拉列表框中选择"透明"选项。

问：发布动画与按【Ctrl+Enter】组合键有什么区别？

答：按【Ctrl+Enter】组合键是测试动画，只会生成SWF格式的影片文件，而发布动画则是根据发布设置一键生成多个文件，如在"发布设置"对话框中同时选中了"Flash(.swf)"及"HTML包装器"复选框，则发布时就会同时生成SWF文件及HTML文档。

问：能对Flash动画中的视频或声音进行优化吗？

答：能，为了缩小Flash文件，可以对Flash动画中的声音或视频进行优化。如将声音变为单声道，或者使用专业的声音处理软件删除声音文件中的多余部分后再导入Flash CS6中。如果是视频，则可以考虑修改视频的尺寸或将视频转换成压缩率较高的格式的视频。

问：位图缓存有什么具体作用？

答：位图缓存有助于增强应用程序中不会更改的影片剪辑的性能。将MovieClip. cacheAsBitmap或Button.cacheAsBitmap属性设置为true时，Flash Player将缓存影片剪辑或按钮实例的内部位图表示图形。这可以提高包含复杂矢量内容的影片剪辑的性能，具有已缓存位图的影片剪辑的所有矢量数据都会绘制到位图而不是主舞台中。

问：在将动画发布为GIF格式文件时，为什么发布的作品设置了动态选项却还是静态画面呢？

答：在将动画发布为GIF格式文件时，如果作品作为一个元件，那么应该在元件所在的图层中插入帧使时间轴延长，这样发布的GIF格式的文件才能以动画的形式播放，否则导出的动画为第1帧中的内容。

问：为什么导出和发布动画时不能使用QuickTime格式？遇到这种情况应如何处理？

答：出现这种情况是因为计算机中没有安装QuickTime，在发布和导出动画时，因为找不到相应组件而出现错误提示或导致发布失败。遇到这种情况时，只需要在计算机中安装QuickTime，即可正常使用该格式导出和发布动画。

> **知识提示**
>
> **导出 Windows 视频**
> 如果要将 Flash 动画导出为 Windows 视频，则会丢弃所有的交互性，但对于在视频编辑应用程序中打开 Flash 动画，这是一个好的选择。

拓展知识

1. 导出为QuickTime视频

在Flash CS6中，可将动画片段导出为Windows AVI和QuickTime两种格式的视频。若要导出为QuickTime视频，则需要在用户的计算机中安装QuickTime相关软件。其操作方法与导出视频相似。

2. 导出为GIF动画

选择【文件】/【导出】/【导出影片】菜单命令，在打开的"导出影片"对话框中指定保存文件路径，在"文件名"文本框中输入文件名称，在"保存类型"下拉列表框中选择导出的文件格式为"GIF动画(*.gif)"，然后单击 保存(S) 按钮。在打开的"导出GIF"对话框中，设置导出文件的尺寸、分辨率、颜色和动画等参数，然后单击 确定 按钮，即可将动画中的内容按设定的参数导出为GIF动画。

3. 包含代码的独立播放器

很多Flash动画都包含了各种代码和TLF文本等，在发布这些动画时，如果需要发布独立播放器，会因为独立播放器不支持代码等而导致发布的动画缺少很多元素，所以不能直接将包含代码或TLF文本的Flash动画发布为独立播放器格式的文件。

要想将包含代码或TLF文本的Flash动画发布为独立播放器格式的文件，其方法是：打开"发布设置"对话框，单击"ActionScript 3.0"选项后面的"ActionScript 设置"按钮 ，在打开的"高级ActionScript 3.0设置"对话框中单击"库路径"选项卡，在"默认链接"下拉列表框中选择"合并到代码"选项，单击 确定 按钮，之后再进行发布即可。

4. 在Flash CS6中导出声音

在"时间轴"面板中新建一个图层，将"库"面板中的声音添加到新建的图层中，为该图层添加足够长度的帧，使声音能全部展示并播放，如图8-35所示。然后选择【文件】/【导出】/【导出影片】菜单命令，打开"导出影片"对话框，指定文件要导出的路径，在"文件名"文本框中输入文件名称，在"保存类型"下拉列表框中选择"WAV音频(*.wav)"文件格式，然后单击 保存(S) 按钮，如图8-36所示。在打开的"导出Windows WAV"对话框中，选择WAV的声音格式，然后单击 确定 按钮即可导出选择的声音。

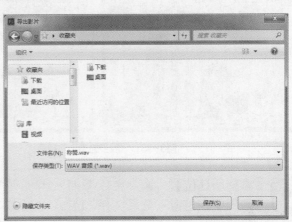

图8-35 设置时间轴　　　　　　　图8-36 选择"WAV音频(*.wav)"

课后练习

（1）本练习将对"爱.fla"动画进行优化，主要操作包括管理元件，删除没有使用过的元件、图像或声音，优化动画中的文字，然后 压缩并优化声音，最后测试并优化ActionScript脚本，使动画画面更加精美流畅。完成后的效果如图8-37所示。

效果文件

"爱"动画

图8-37 "爱"动画

素材所在位置　素材文件\项目八\课后练习\爱.fla
效果所在位置　效果文件\项目八\课后练习\爱.fla

（2）本练习将打开"散步的小狗"动画.fla，对其进行优化和测试等操作，完成后将其发布为HTML文档，动画效果如图8-38所示。

图8-38　"散步的小狗"动画

素材所在位置　素材文件\项目八\课后练习\散步的小狗.fla
效果所在位置　效果文件\项目八\课后练习\散步的小狗.html

项目九
Flash综合商业案例

情景导入

　　"我学完Flash CS6相关知识了，刚好有家企业让我给他们的网站做一个进入动画，您能给我一些建议吗？"米拉问老洪。老洪告诉米拉："制作网站进入动画不难，但要将其做好、做精，制作方法是其次，最重要的是有创意，毕竟网站进入动画只有短短几十秒，要在这么短的时间内将广告意图传递给用户，怎么表现、写什么文案等问题都需要仔细考量。"

学习目标

- 了解构建Flash网站的常用方法
  如制作"网站进入"动画和"网站菜单"动画等。

- 了解常见的Flash游戏类型与创作流程
  如制作打地鼠、青蛙跳等Flash游戏。

案例展示

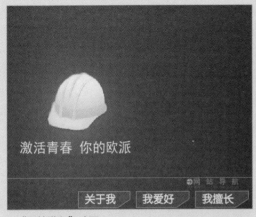

▲ "网站进入"动画

▲ "打地鼠"游戏

任务一 制作"网站进入"动画

网站的进入动画会直接影响浏览者对网站的整体印象，好的网站设计会根据网站的主题分别制作对应的网站进入动画，达到相辅相成的目的。本任务将制作一个以"头盔"为主要元素的青春自媒体网站进入动画，且在"网站进入"动画中添加动态文本信息，从而引起青少年对网站的关注。

一、任务目标

本任务将制作"网站进入"动画。通过本任务的制作，用户可以了解"网站进入"动画和"网站菜单"动画的制作方法，并练习补间动画、遮罩动画、引导层动画、元件的制作，以及脚本的编辑等操作。本任务完成后的效果如图9-1所示。

素材所在位置　素材文件\项目九\任务一\网站进入\
效果所在位置　效果文件\项目九\任务一\网站进入\

图9-1　"网站进入"动画

二、相关知识

本任务涉及构建Flash网站的常用技术和规划Flash网站等相关知识，下面先对这些相关知识进行介绍。

（一）构建Flash网站的常用技术

随着计算机和网络的发展，构建网站的方式也越来越多，构建一个门户网站一般涉及页面设计、服务器的搭建与维护、数据和程序的开发等方面。使用Flash CS6构建网站，主要涉及网站常用的ActionScript脚本的应用、网站导航中按钮的事件类型、声音和视频在网站中的应用，以及外部内容的处理等。

（二）规划Flash网站

在创建Flash网站之前需要对网站进行规划，使网站的存在更加合理。Flash网站的规划主要包括以下几个方面。

1. 结构的规划

每一个网站都有其存在意义，在创建之前需要对创建网站的目的进行梳理，如这个网站是什么类型的网站，面向哪一方面的用户群体，需要满足用户的什么需求……完成这些问题的梳理后，即可对网站的结构有一个大致的了解，对网站的类型有一个清晰的定位，从而规划出网站的结构。

为了使网站运行顺畅，还需要对网站的层次结构进行规划，使用户有更好的浏览网站的体验。

2. 设计的规划

设计的规划实际上就是为了使网站风格统一，对于优秀的网站，其站内风格都是一致的，在浏览时始终有一条统一的"线"贯穿整个网站。因此在创建网站之前需要对这条统一的"线"进行设计，如统一的交互变化、统一的场景转换或统一的Logo等，然后再按照设计的规划去实施，创建Flash网站。

3. 内容的规划

在创建网站前，还应对需要使用的内容进行规划，如将网站中的文本内容以动态文本的形式载入，方便文本的更新；将外部内容生成体积较小的SWF文件，方便用ActionScript脚本对其进行控制；若网站中需要使用视频，应当将视频转换为FLV格式的视频，再进行导入等。对内容进行规划，可方便后期网站的创建，为后期的网页制作节省时间。

在规划网站内容时，应尽量从外部载入文件，从而在最大限度上减小文件的体积，同时方便日后对网站进行维护。

三、任务实施

（一）制作"网站进入"动画

首先启动Flash CS6，然后新建动画文档，在其中导入素材，并将需要的素材转换为元件，最后使用补间动画及遮罩动画制作"网站进入"动画，其具体操作如下。

（1）启动Flash CS6，选择【文件】/【新建】菜单命令，打开"新建文档"对话框，选择"ActionScript 3.0"，设置"宽""高""背景颜色"分别为"800像素""450像素""#333333"，单击 确定 按钮，如图9-2所示。

制作"网站进入"动画

（2）将"网站封面"文件夹中所有的文件都导入"库"面板中，并将"背景.jpg"图像移动到舞台中间。按【F8】键，在打开的"转换为元件"对话框中将图像转换为名为"背景"的图形元件。选择"背景"元件，在"属性"面板的"样式"下拉列表框中选择"Alpha"选项，并设置"Alpha"值为"0%"，如图9-3所示。

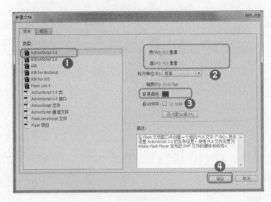

图9-2 新建文档

图9-3 设置元件的属性

（3）将"图层1"重命名为"背景"，在第1帧处创建补间动画，然后在第15帧处按【F6】键插入关键帧，选择"背景"实例，在"属性"面板的"样式"下拉列表框中设置"Alpha"值为"100%"，如图9-4所示。

（4）锁定"背景"图层，并在第200帧处插入帧，新建图层，并重命名为"头盔"，在第16帧处按【F6】键插入关键帧，从"库"面板中移动"白头盔.jpg"到舞台中，按【F8】键，打开"转换为元件"对话框，在其中设置"名称""类型"分别为"头盔""影片剪辑"，单击 确定 按钮，如图9-5所示。

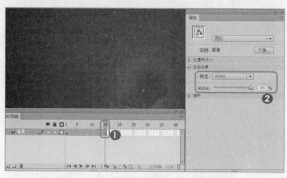

图9-4　在"背景"图层中创建补间动画

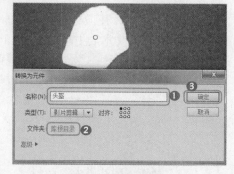

图9-5　创建元件实例

（5）双击"头盔"影片剪辑元件，打开元件编辑窗口，将"白头盔"图像转换为图形元件，在第2帧处按【F6】键插入关键帧，在第1帧处设置元件的"样式"为"Alpha"，其值为"0%"，并缩小图形元件，如图9-6所示。

（6）在第1帧处创建补间动画，在第5帧处按【F6】键插入关键帧，然后放大图形元件到原来的大小，并设置"Alpha"值为"100%"，如图9-7所示。

图9-6　调整元件

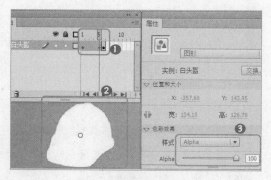

图9-7　创建补间动画

（7）在第30帧处按【F6】键插入关键帧，并创建补间动画，在第36帧处按【F6】键插入关键帧，然后移动图形元件的位置，如图9-8所示。

（8）新建图层，并重命名为"黑头盔"，在第6帧处按【F6】键插入关键帧，从"库"面板中移动"黑头盔.jpg"到舞台上，按【F8】键，将该图像转换为图形元件，在第10帧处按【F6】键插入关键帧，在"白头盔"图层选择第1~5帧，然后单击鼠标右键，在弹出的快捷菜单中选择"复制动画"命令，如图9-9所示。

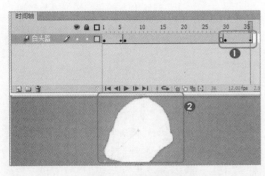

图9-8　创建补间动画　　　　图9-9　复制动画

（9）在"黑头盔"图层的第6~9帧处单击鼠标右键，在弹出的快捷菜单中选择"粘贴动画"命令粘贴补间动画，用相同的方法将"白头盔"图层的第30~35帧的补间动画复制到"黑头盔"图层的第36~40帧处，如图9-10所示。

（10）新建图层，并重命名为"金头盔"，在第5帧处插入关键帧，从"库"面板中移动"金头盔.jpg"到舞台中，按【F8】键，将该图像转换为图形元件，分别复制"白头盔"图层的补间动画到第1~15帧和第42~47帧处，并在所有图层的第48帧处插入帧，如图9-11所示。

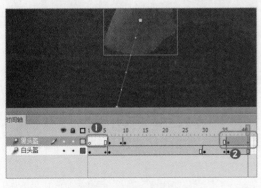

图9-10　复制补间动画　　　　图9-11　创建"金头盔"图层的补间动画

（11）新建图层，并重命名为"Action"，在"动作"面板中输入"stop();"，如图9-12所示。

（12）返回主场景，移动"头盔"元件到合适的位置，如图9-13所示。

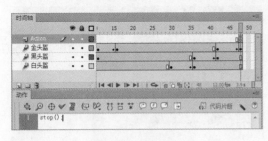
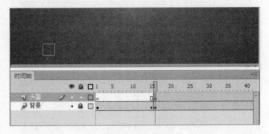

图9-12　输入脚本　　　　图9-13　调整元件

（13）新建图层，并重命名为"线条"，在第60帧处插入关键帧，用"线条工具"绘制一条颜色为"#66A4CC"的线段，如图9-14所示。

（14）在第85帧处插入关键帧，然后选择线条并拖曳以延长线段长度，在第60~84帧处创建补间形状，如图9-15所示。

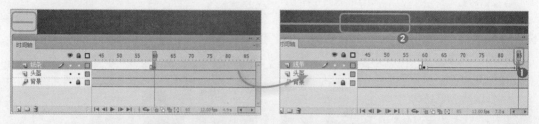

图9-14 绘制线段　　　　　　　　　　　图9-15　创建补间形状

（15）新建"箭头"图形元件，用"椭圆工具" ⬭ 绘制两个圆，选择"颜料桶工具" 🪣，设置"填充颜色"为"#D2E8F0"，填充内圆，设置"填充颜色"为"#ACCEE3"，填充外圆，然后用"选择工具" ▶ 选择边线并按【Delete】键删除，如图9-16所示。

（16）新建图层2，用"线条工具" ＼ 绘制箭头轮廓，选择"颜料桶工具" 🪣，设置"填充颜色"为"#0F2C3E"，填充箭头，如图9-17所示。

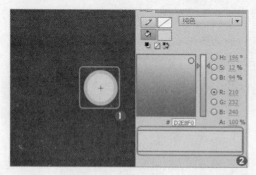　　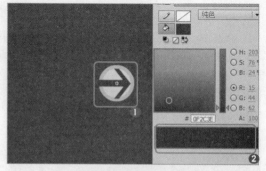

图9-16　绘制圆　　　　　　　　　　　图9-17　绘制箭头

（17）返回主场景，新建图层，并重命名为"箭头"，在第90帧处插入关键帧，从"库"面板中移动"箭头"元件到舞台左边，然后在"属性"面板中设置"样式"为"Alpha"，其值为"0%"，如图9-18所示。

（18）在第106帧处插入关键帧，设置元件的"Alpha"值为"100%"，在第90~105帧处创建补间动画，在第105帧处插入属性关键帧，设置元件的"Alpha"值为"100%"，并向右移动"箭头"实例，如图9-19所示。

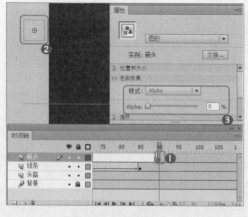　　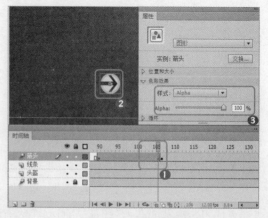

图9-18　设置"箭头"元件　　　　　　　图9-19　创建补间动画

（19）新建图层，并重命名为"标题"，选择"文本工具" T，设置"系列""大小""颜色"分别为"黑体""30点""#FFFFFF"，然后输入文本，再转换为图形元件，如图9-20所示。

（20）双击"标题"元件进入元件编辑窗口，按【Ctrl+B】组合键分离文字，选择所有文字，单击鼠标右键，在弹出的快捷菜单中选择"分散到图层"命令，如图9-21所示。

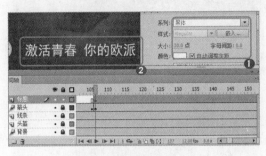

图9-20　输入文本　　　　　　　　　　　　　　图9-21　分散到图层

（21）选择所有文字图层的第1帧，单击鼠标右键，在弹出的快捷菜单中选择"创建传统补间动画"命令，在所有图层的第20帧处按【F6】键插入关键帧，如图9-22所示。

（22）用"任意变形工具" 分别在所有图层的第1帧处将文字放大，如图9-23所示。

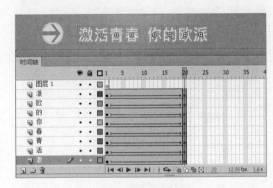

图9-22　创建传统补间动画　　　　　　　　　　图9-23　调整文字大小

（23）选择所有图层的第1帧，在"属性"面板中单击"编辑缓动"按钮 ，在弹出的"自定义缓入/缓出"对话框中调整缓动曲线，然后单击 确定 按钮，如图9-24所示。

（24）在"活"图层中选择第1~20帧，然后拖曳鼠标指针到第8帧处释放鼠标，将补间帧移动到第8帧处，用相同的方法移动其他图层的补间帧，如图9-25所示。

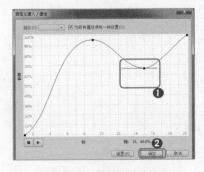

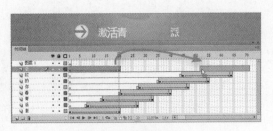

图9-24　编辑缓动曲线　　　　　　　　　　　图9-25　移动补间帧

（25）在所有图层的第71帧处按【F5】键插入帧，如图9-26所示。

（26）返回主场景，选择"标题"元件，在"属性"面板中的"循环"栏的"选项"下拉列
表框中选择"播放一次"选项，如图9-27所示。

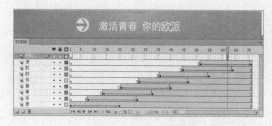

图9-26　插入帧

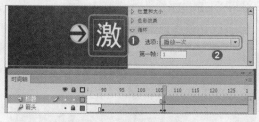

图9-27　设置循环选项

（27）新建"矩形动画"影片剪辑元件，绘制一个白色小矩形，并转换为图形元件，创建传
统补间动画，在第30帧处按【F6】键插入关键帧，如图9-28所示。

（28）在"图层1"处单击鼠标右键，在弹出的快捷菜单中选择"添加传统运动引导层"命
令，为"图层1"添加引导图层，并用"钢笔工具" ◊ 绘制一条引导曲线，在"图层
1"的第30帧处将矩形元件移动到引导曲线末端并吸附到引导曲线上，然后在"属性"
面板中设置"宽""高""Alpha"分别为"1.00""1.00""0%"，如图9-29所示。

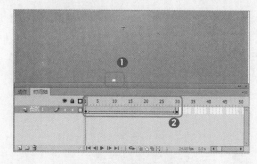

图9-28　创建传统补间动画

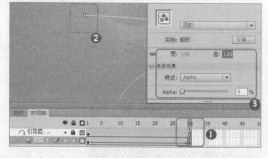

图9-29　设置属性

（29）在"图层1"中选择第1帧，在"属性"面板中单击"编辑缓动"按钮 ✐ ，在打开的
"自定义缓入/缓出"对话框中的缓动曲线处拖曳鼠标指针编辑缓动效果，然后单击
　确定　按钮，如图9-30所示。

（30）新建"图层2"~"图层5"，在"图层1"中选择第1~30帧，单击鼠标右键，在弹出的快捷
菜单中选择"复制帧"命令，然后分别在"图层2"~"图层5"的第15、28、44、60帧处
单击鼠标右键，在弹出的快捷菜单中选择"粘贴帧"命令，复制补间帧，如图9-31所示。

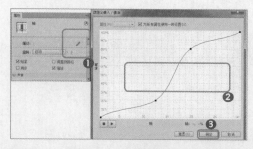

图9-30　编辑缓动效果

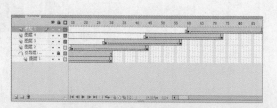

图9-31　复制并粘贴补间帧

（31）分别为"图层2"～"图层5"添加引导图层，并用"钢笔工具" ，分别绘制一条引导曲线，然后分别在第15、28、44、60帧处将"矩形"实例移动并吸附到曲线下端点上，如图9-32所示。

（32）分别在第44、57、73、89帧处插入关键帧，并将"矩形"实例移动并吸附到曲线端点上，如图9-33所示。返回主场景，新建图层，并重命名为"矩形"图层，在第60帧处插入关键帧，从"库"面板中将"矩形动画"元件移动至舞台中。

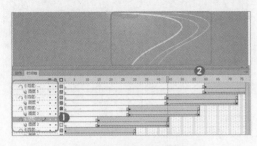

图9-32 添加引导图层

图9-33 移动实例

（二）制作"网站菜单"动画

下面将制作"网站菜单"动画，其具体操作如下。

（1）新建图层，选择"文本工具" T ，设置"系列""大小""颜色"分别为"黑体""16点""#87B7D6"，然后输入文本，如图9-34所示。

（2）新建"菜单"图形元件，选择"矩形工具" ，设置"笔触颜色""填充颜色"分别为"#8BC0E2""#205B82"，绘制一个图形，如图9-35所示。

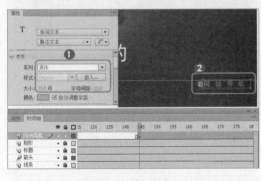

图9-34 输入文本

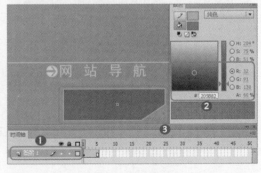

图9-35 绘制图形

（3）在第5帧处插入关键帧，在第1帧处创建补间形状，移动形状到右边，如图9-36所示。

（4）在第6、7帧处插入关键帧，在第6帧处将"填充颜色"改为"#FFFFFF"，如图9-37所示。

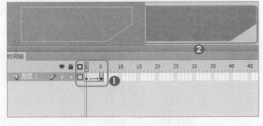

图9-36 创建补间形状

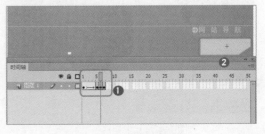

图9-37 修改图形颜色

（5）复制第1~7帧，新建"图层2"，在第3帧处粘贴帧，然后在第20帧处插入帧。

（6）用相同的方法分别复制"图层1"～"图层2"的所有帧，如图9-38所示。新建"图层3"～"图层6"，然后分别粘贴到"图层3"～"图层6"中，并在"图层2""图层4""图层6"的第20帧处插入帧，如图9-39所示。

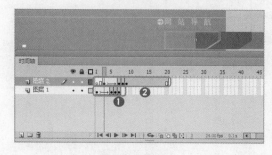

图9-38 复制帧　　　　　　　　　　　图9-39 粘贴帧

（7）分别调整"图层3"～"图层6"中矩形的位置，如图9-40所示。

（8）返回主场景，新建图层，并重命名为"菜单"，在第151帧处插入关键帧，从"库"面板中移动"菜单"元件到舞台中，然后在"属性"面板的"选项"下拉列表框选择"播放一次"选项，如图9-41所示。

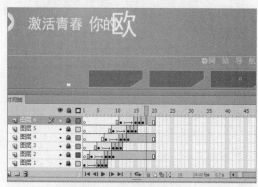
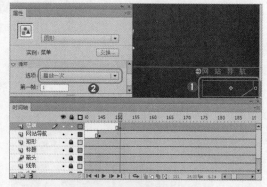

图9-40 调整矩形位置　　　　　　　　　图9-41 设置循环选项

（9）新建"内容"影片剪辑元件，选择"矩形工具" ，设置"笔触颜色""填充颜色""矩形边角半径"分别为"#FFCCFF""#FF9999""5.00"，然后绘制矩形，如图9-42所示。

（10）将矩形转换为图形元件，然后分别在第11、21帧处插入关键帧，如图9-43所示。

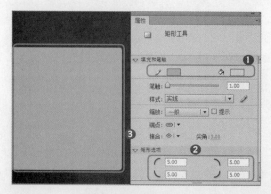
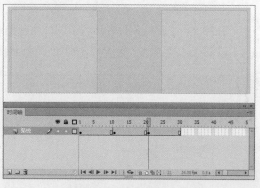

图9-42 绘制矩形　　　　　　　　　　　图9-43 插入关键帧

（11）分别在第1、11、21帧处创建补间动画，分别在第10、20、30帧处向下移动矩形到相同的位置，如图9-44所示。

（12）新建图层，并重命名为"文字"，分别在第10、20、30帧处插入关键帧，然后用"文本工具" **T** 输入文本，设置文本格式为"黑体""白色""28点"，如图9-45所示。

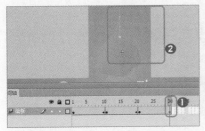

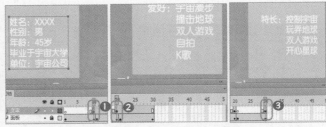

图9-44　制作补间动画　　　　　　　　　　　图9-45　输入文本

（13）新建"图层3"，分别在第10、20、30帧处插入关键帧，然后分别在第1、10、20、30帧处输入脚本"stop();"，如图9-46所示。

（14）新建"按钮"按钮元件，在"指针经过"帧处按【F6】键插入关键帧，将"菜单"元件中的图形复制到舞台中，并设置"填充颜色"为"#33A387"，"Alpha"值为"60%"，在"按下"帧处插入关键帧，设置图形的"填充颜色"为"#C6795F"，如图9-47所示。

图9-46　添加脚本　　　　　　　　　　　　图9-47　创建按钮元件

（15）返回主场景，新建图层，并重命名为"内容"，在第151帧处插入关键帧，从"库"面板中移动"内容"元件到舞台中，然后在"属性"面板中设置"实例名称"为"mb"，如图9-48所示。

（16）新建图层，并重命名为"按钮"，在第171帧处插入关键帧，从"库"面板中移动3个"按钮"元件到舞台中，并分别移动到"菜单"图像上，然后在"属性"面板中分别设置"实例名称"为"bt1""bt2""bt3"，如图9-49所示。

图9-48　添加"内容"实例　　　　　　　　图9-49　添加"按钮"实例

（17）新建图层，并重命名为"文字"，选择"文本工具" **T**，设置"系列""大小""颜色"分别为"方正准圆简体""28点""#FFFFFF"，在第166帧处插入关键帧，然后输入文本，如图9-50所示。

（18）新建图层，并重命名为"Action"，在第200帧处插入关键帧，然后在"动作"面板中输入脚本，如图9-51所示。

图9-50 输入文本

图9-51 输入脚本

（19）按【Ctrl+S】组合键保存动画文档，按【Ctrl+Enter】组合键测试动画，播放无误后选择【文件】/【发布】菜单命令发布动画文档，完成"网站菜单"动画的制作。

任务二 制作"打地鼠"游戏

使用Flash可以制作很多小游戏，如4399等网站中的小游戏都是用Flash制作的。现在很多手机客户端的游戏也可以使用Flash制作。本任务将介绍Flash小游戏的制作方法。

一、任务目标

本任务将练习制作一个简单的Flash小游戏，全面巩固ActionScript 3.0脚本和Flash动画相结合的知识，主要包括元件的制作与编辑、补间动画的制作、传统补间动画的制作、脚本的使用等知识。本任务完成后的效果如图9-52所示。

素材所在位置 素材文件\项目九\任务二\打地鼠\
效果所在位置 效果文件\项目九\任务二\"打地鼠"游戏.fla、globalnum.as、textLayout_2.0.0.232.swz

图9-52 "打地鼠"游戏

二、相关知识

在正式制作Flash游戏前需要了解Flash小游戏的特点、类型及制作流程等知识，在实际制作过程中，主要涉及游戏背景及游戏对象的绘制、背景音乐及碰撞声音的添加、控制游戏进行的ActionScript脚本的编写等。下面分别介绍制作Flash小游戏的相关知识。

（一）Flash游戏概述

Flash具有强大的交互功能，通过为Flash添加合适的ActionScript脚本就可以开发各类小游戏，如迷宫游戏、贪吃蛇、俄罗斯方块、赛车游戏、射击游戏等。使用Flash制作游戏具有许多优点，主要表现为以下几点。

- 适合网络发布和传播。
- 操作简单方便。
- 视觉效果突出。
- 游戏简单，操作方便。
- 不用下载安装包。
- 不用注册账号，点击游戏便可开始。

（二）常见的Flash游戏类型

对网络应用来说，常见的Flash游戏类型如下。

- 益智类游戏，图9-53所示为某网站制作的一款益智类游戏。
- 射击类游戏，图9-54所示为某网站制作的一款射击类游戏。

图9-53　益智类游戏　　　　　　　　　　　图9-54　射击类游戏

- 动作类游戏，图9-55所示为动作类游戏。

图9-55　动作类游戏

- 角色扮演类游戏，图9-56所示为4399网站上的角色扮演类游戏。
- 体育运动类游戏，图9-57所示为4399网站上的体育运动类游戏。

图9-56　角色扮演类游戏

图9-57　体育运动类游戏

知识提示

网页游戏

网页游戏（Webgame）又称 Web 游戏、无端网游，简称页游。它是基于 Web 浏览器的网络在线多人互动游戏，无须下载客户端，只需打开对应网页，即可快速进入游戏。页游前端通常都采用 Flash 动画来实现。

（三）Flash游戏制作流程

使用Flash制作游戏需要遵循游戏制作的流程，这样才能事半功倍。Flash游戏的制作流程如下。

1. 游戏构思及框架设计

在着手制作一个游戏前，必须有一个大概的游戏规划或者方案，否则后期需要进行大量修改，浪费时间和人力。

先确定游戏的目的，以设计符合玩家需求的产品。另外必须确定Flash游戏的类型，如是益智、动作还是体育运动等。

在确定好将要制作的游戏的目的与类型后，即可做一个完整的规划。图9-58所示为"掷骰子"游戏的流程图，通过这个图可以清楚地了解需要制作的游戏内容及可能发生的情况。在游戏中，玩家一开始要确定所押的积分，接着会随机出现玩家和计算机各自的点数，然后游戏对点数进行判断，最后判断出谁胜谁负。如果玩家胜利，就会增加积分，相反则要扣除积分，接着显示玩家目前的积分，再询问玩家是否结束游戏，如果不结束，则玩家需要决定所押的积分，进行下一轮游戏。

2. 素材的收集和准备

一个比较成功的Flash游戏，必须具有足够丰富的游戏内容和漂亮的游戏画面，因此在设计出游戏流程图之后，需要着手收集并准备游戏中要

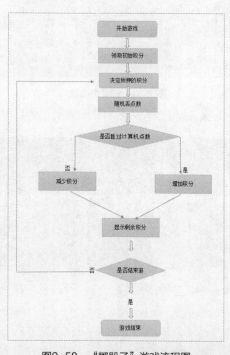

图9-58　"掷骰子"游戏流程图

用到的各种素材，包括图片、声音等。

3. 制作与测试

当所有的素材都准备好后，就可以正式开始游戏的制作，这里需要用Flash来制作游戏。制作快慢与成功与否，关键在于平时是否学习和积累了足够的经验与技巧，只要把它们合理地运用到游戏制作过程中，就可顺利完成制作。下面介绍一些制作游戏的技巧。

- **分工合作**：一个游戏的制作过程非常烦琐和复杂，要做好一个游戏，必须多人互相协调工作，每个人根据自己的特长来负责不同的任务，如美工负责游戏的整体风格把控和视觉效果制作，而程序员则负责游戏程序的设计与编写，各司其职，充分发挥各自的优势，这样既能保证游戏的质量，又能提高工作效率。

- **设计进度**：游戏的流程图确定后，就可以将所有要做的工作进行合理的分配，事先制定好进度表，然后每天按进度表完成一定的任务，从而有条不紊地完成工作。

- **多学习别人优秀的作品**：学习不是抄袭他人优秀的作品，而是学习别人制作游戏的方法，养成研究和分析的习惯，从这些观摩所得的经验中，找到自己不足的地方，掌握新的技术，提高自身的能力。

游戏制作完成后需要进行测试，可以利用Flash的【控制】/【测试影片】菜单命令及【控制】/【测试场景】菜单命令来测试。进入测试模式后，还可以通过监视Objects和Variables的方式，找出程序中的问题。除此之外，为了避免测试时忽略掉盲点，一定要在多台计算机上分别进行测试，从而尽可能多地发现游戏中存在的问题，使游戏更加完善。

三、任务实施

（一）制作动画界面

下面先启动Flash CS6，然后导入素材，借助素材制作背景、前景等内容，其具体操作如下。

微课视频

制作动画界面

（1）启动Flash CS6，选择【文件】/【新建】菜单命令，打开"新建文档"对话框，设置"宽""高""背景颜色"分别为"1000像素""740像素""#FFCC00"，单击 确定 按钮，如图9-59所示。

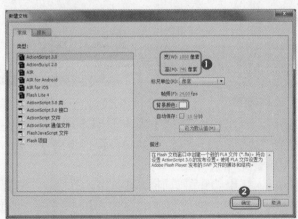

图9-59　新建文档

（2）新建一个"背景图"影片剪辑元件，使用"矩形工具" ▢ 绘制一个和舞台一样大小的矩形，然后选择"颜料桶工具" ◇。选择【窗口】/【颜色】菜单命令，打开"颜色"面板，设置"颜色类型"为"线性渐变"，设置颜色滑块的颜色分别为"#005BE7" "#54C4EE"，按住鼠标左键由下至上进行拖曳，绘制蓝天，如图9-60所示。

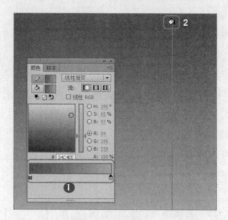

图9-60　绘制蓝天

（3）将"打地鼠"文件夹中的所有图片都导入"库"面板中，新建"图层2"，将"背景.png"图像移动到舞台中，如图9-61所示。

（4）锁定"图层1" "图层2"，新建"图层3"。选择"椭圆工具" ◯，在工具箱的"选项"区域中设置"笔触颜色" "填充颜色"分别为"无" "#FFFFFF"，在舞台上绘制云朵，如图9-62所示。

图9-61　放入背景图

图9-62　绘制云朵

（5）选择刚刚绘制的所有云朵图形。选择【修改】/【形状】/【柔化填充边缘】菜单命令，打开"柔化填充边缘"对话框，在其中设置"距离" "步长数"分别为"10像素" "6"，单击 确定 按钮，如图9-63所示。

（6）选择"椭圆工具" ◯，打开"颜色"面板，在其中设置"颜色类型"为"径向渐变"，设置颜色滑块分别为"#FF3C00" "#FFA818" "#FFEC27"，在舞台中拖曳鼠标指针绘制一个圆形，作为太阳，如图9-64所示。

图9-63　柔化云朵效果

图9-64　绘制太阳

　　　　　　　　　　绘制光晕效果

　　　　为使绘制出的太阳有光晕效果，只设置多个渐变颜色是不能实现的，还需为每个颜色设置不同的透明度，这里设置"#FF3C00"的"Alpha"值为"100%"，"#FFA818"的"Alpha"值为"80%"，"#FFEC27"的"Alpha"值为"0%"。

（7）新建"图层4"，选择"椭圆工具" , 在"属性"面板中设置"笔触颜色"为"无"，设置"颜色类型"为"渐变填充"，"填充颜色"为"#834E41"和"2F1E1E"，在舞台中绘制一个椭圆，作为地洞，如图9-65所示。

（8）新建"图层5"，选择"刷子工具" , 设置"填充颜色"为"#C58629""#855A1D""#AF7725""#543912"，在洞口上方绘制洞头的泥土，将绘制的洞口和泥土复制5个，制作用于老鼠出现的地洞，效果如图9-66所示。

图9-65　绘制地洞

图9-66　复制洞口和泥土

（二）编辑元件

　　在绘制完背景后，可以根据实际需要对动画中需要的元件进行编辑，其具体操作如下。

（1）返回"场景1"，从"库"面板中将"背景图"元件拖曳到舞台中作为背景。选择【插入】/【新建元件】菜单命令，打开"创建新元件"对话框，在其中设置"名称""类型"分别为"锤子""影片剪辑"，单击 确定 按钮，如图9-67所示。

（2）新建一个"锤子"影片剪辑元件，进入元件编辑窗口。使用

微课视频

编辑元件

"矩形工具" ▢ 和 "椭圆工具" ◯ 绘制一个 "锤子" 图形，并填充金属渐变色。新建图层，绘制一个 "锤子手柄"，并使用暗色调的金属渐变色进行填充，如图9-68所示。

图9-67　新建影片剪辑

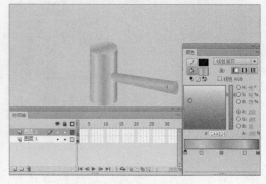

图9-68　绘制"锤子"图形

（3）新建一个 "锤子动画" 影片剪辑元件，进入元件编辑窗口，从 "库" 面板中将 "锤子" 元件移动到舞台中。在第1帧上单击鼠标右键，在弹出的快捷菜单中选择 "创建补间动画" 命令，在 "时间轴" 面板上创建补间动画，选择 "3D旋转工具" ◉，将3D旋转轴移动到锤子手柄处，拖曳鼠标调整 Z 轴的旋转角度，并使锤子头位于原点的右上方，如图9-69所示。

（4）选择第8帧，在其中插入属性关键帧。使用 "3D旋转工具" ◉ 拖曳鼠标，调整 Z 轴的旋转角度。使用相同的方法在第24帧处插入属性关键帧，并调整 Z 轴的旋转角度，如图9-70所示。

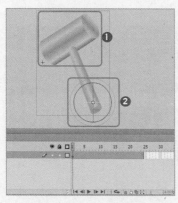

图9-69　编辑锤子动画元件

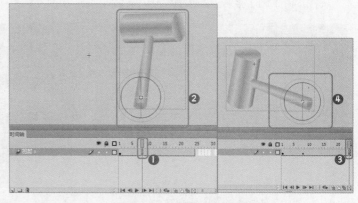

图9-70　调整补间动画节奏

（5）新建 "图层2"，打开 "动作" 面板，在其中输入相应的脚本，如图9-71所示。

（6）新建一个 "云朵" 影片剪辑元件，进入元件编辑窗口，选择 "椭圆工具" ◯，在 "颜色" 面板中设置 "填充颜色" 为 "#FFFFFF"，如图9-72所示。

图9-71 输入脚本

图9-72 填充云朵

（7）新建一个"云朵"影片剪辑元件，进入元件编辑窗口，从"库"面板中将"云朵"影片剪辑元件移动到舞台中，在第1帧上单击鼠标右键，在弹出的快捷菜单中选择"创建补间动画"命令。在第100帧处插入属性关键帧，将"云朵"影片剪辑元件向右移动，如图9-73所示。

（8）新建一个"GD"影片剪辑元件，进入元件编辑窗口，选择"文本工具" T，在"属性"面板中设置"系列""大小""颜色"分别为"Arial""40.0点""#000000"，使用"文本工具" T 在舞台中输入文本，如图9-74所示。

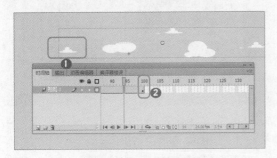

图9-73 编辑"云朵"元件

图9-74 编辑"GD"元件

（9）新建一个"GOOD"影片剪辑元件，进入元件编辑窗口，选择第1帧，打开"动作"面板，输入脚本。在第2帧中插入关键帧，从"库"面板中将"GD"元件移动到舞台中并缩小，在第2帧上单击鼠标右键，在弹出的快捷菜单中选择"创建补间动画"命令，插入补间动画。在第10帧处插入关键帧，将元件放大，制作文本放大的效果，如图9-75所示。

（10）新建一个"透明按钮"按钮元件，进入元件编辑窗口，再在"点击"帧中插入关键帧，使用"钢笔工具" 在舞台中绘制一个黑色的矩形，作为"热区"，如图9-76所示。

图9-75 编辑"GOOD"元件

图9-76 编辑"透明按钮"元件

（11）新建一个"老鼠"影片剪辑元件，进入元件编辑窗口，从"库"面板中将"老鼠"图像移动到舞台中，并调整其大小。新建"图层2"，从"库"面板中将"透明按钮"元件移动到舞台中，并与"老鼠"图像重叠。选择"透明按钮"元件，在"属性"面板中设置"实例名称"为"cmd"，如图9-77所示。

（12）新建一个"老鼠动画"影片剪辑元件，进入元件编辑窗口，从"库"面板中将"老鼠"元件移动到舞台中。在第1帧上单击鼠标右键，在弹出的快捷菜单中选择"创建补间动画"命令，创建补间动画。在第12、24帧处插入属性关键帧，选择第12帧，将"老鼠"实例向下移动，制作老鼠上下移动的效果，如图9-78所示。

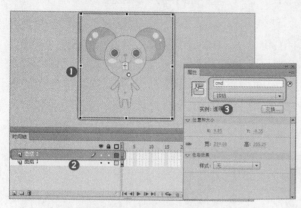
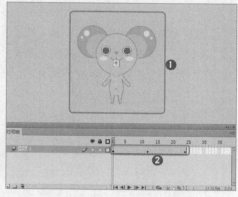

图9-77　编辑"老鼠"元件　　　　　　图9-78　编辑"老鼠动画"元件

（13）新建"图层2"，使用"椭圆工具" 在舞台上绘制一个圆形，与"老鼠"实例重合。在"图层2"上单击鼠标右键，在弹出的快捷菜单中选择"遮罩层"命令，将"图层2"转换为遮罩图层，"图层1"转换为被遮罩图层，如图9-79所示。

（14）新建"图层3"，选择第1帧，从"库"面板中将"GOOD"元件移动到"老鼠"图像上方。选择"图层3"中的实例，在"属性"面板中设置"实例名称"为"gdmc"，如图9-80所示。

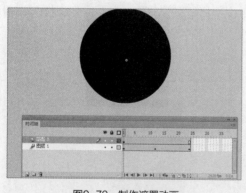
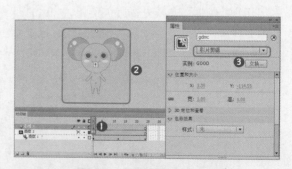

图9-79　制作遮罩动画　　　　　　　图9-80　应用"GOOD"元件

（15）新建"图层4"，选择第1帧，在"动作"面板中输入脚本，如图9-81所示。

（16）在第12帧处插入关键帧，选择第12帧，打开"动作"面板，在其中输入脚本，如图9-82所示。

图9-81　输入脚本　　　　　　　　　　　图9-82　继续输入脚本

（17）新建一个"开始"影片剪辑元件，进入元件编辑窗口，选择"文本工具" T，在"属性"面板中设置"系列""大小""颜色"分别为"微软雅黑""40点""#FFFFFF"，在舞台中输入文本，如图9-83所示。

（18）新建一个"再来一次"按钮元件，进入元件编辑窗口，选择"矩形工具" □，在"属性"面板中设置"填充颜色"为"#FF9933"，设置"矩形边角半径"都为"10.00"，在舞台中拖曳鼠标指针绘制一个矩形，如图9-84所示。

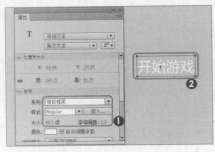
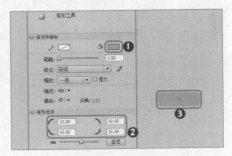

图9-83　编辑"开始"元件　　　　　　　图9-84　编辑"再来一次"元件

（19）按两次【F6】键，插入两个关键帧，选择舞台中的图形，将其"填充颜色"更换为"#66CCCC"。新建"图层2"，在矩形上输入文本，如图9-85所示。

（20）返回主场景，在第3帧处插入关键帧。新建"图层2"，在第2帧处插入关键帧，选择第2帧，从"库"面板中将"老鼠动画"元件移动到舞台中，并调整其大小，复制5个"老鼠动画"实例，使每一个地洞出现一只老鼠，如图9-86所示。

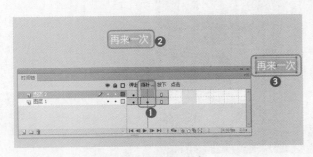

图9-85　更换图形颜色　　　　　　　　　图9-86　编辑主场景

（21）选择"图层2"的第3帧并按【F7】键插入空白关键帧，使用"矩形工具"□在舞台中间绘制一个半透明的矩形，如图9-87所示。

（22）选择绘制的矩形，按【F8】键打开"转换为元件"对话框，在其中设置"名称""类型"分别为"白框""影片剪辑"，单击 确定 按钮，将图形转换为元件，选择"矩形"实例，在"属性"面板中设置"实例名称"为"back"，如图9-88所示。

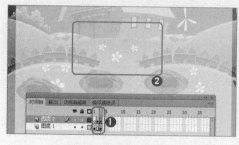

图9-87　绘制半透明矩形

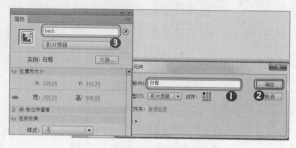

图9-88　转换为元件

（23）选择"文本工具"T，在绘制的矩形上输入"游戏结束"文本，设置其"系列""大小""颜色"分别为"黑体""68点""#FF6600"，输入"得分："文本，设置其"系列""大小""颜色"分别为"黑体""44点""#000000"，如图9-89所示。

（24）选择"文本工具"T，在"得分："文本后输入"100"文本，在"属性"面板中将其"实例名称"设置为"txtdf"，如图9-90所示。

图9-89　输入文本

图9-90　为得分区设置属性

（25）新建"图层3"，并选择第1帧，再选择"文本工具"T，在"属性"面板中设置"系列""大小""颜色"分别为"方正准圆简体""96点""#000000"，在舞台上输入游戏的标题文本。按两次【F7】键，在第2、3帧处插入空白关键帧，如图9-91所示。

图9-91　输入游戏标题

（26）新建"图层4"，选择第1帧，将"老鼠"实例移动到左下方的地洞上。选择"老鼠"
实例，在"属性"面板中设置"实例名称"为"ds"，如图9-92所示。

图9-92 应用"老鼠动画"元件

（27）按两次【F7】键，在第2、3帧处分别插入空白关键帧，选择第3帧，从"库"面板中将
"再来一次"按钮元件移动到舞台中。选择"再来一次"实例，在"属性"面板中设
置"实例名称"为"replay"，如图9-93所示。

（28）新建"图层5"，选择第1帧，从"库"面板中将"开始"元件移动到舞台下方。选择
"开始"实例，在"属性"面板中设置"实例名称"为"begin"。按两次【F7】键，
在第2、3帧处分别插入空白关键帧，如图9-94所示。

图9-93 应用"再来一次"元件

图9-94 应用"开始"元件

（29）新建"图层6"，选择第1帧，从"库"面板中将"锤子动画"元件移动到舞台右下方。
选择"锤子动画"实例，在"属性"面板中设置"实例名称"为"chui"，如图9-95
所示。

（30）新建"图层7"，在第2帧处插入关键帧，使用"矩形工具" 🔲在舞台上方绘制一
个白色的半透明矩形。选择"文本工具" Ｔ，在"属性"面板中设置"系列""大
小""颜色"分别为"方正准圆简体""22点""#000000"，在舞台上输入文本，
如图9-96所示。

图9-95　添加"锤子动画"元件　　　　图9-96　输入"时间:"和"得分:"文本

（31）选择"文本工具" T ，在"属性"面板中设置"系列""大小""颜色"分别为"黑
体""14点""#000000"，在舞台上绘制两个文本框。在"属性"面板中设置"时
间:"后的文本框的"实例名称"为"txttm"，如图9-97所示。设置"得分:"后的文
本框的"实例名称"为"txtsc"。

（32）新建"图层8"，选择第1帧，从"库"面板中将"云朵"元件移动到舞台上，如
图9-98所示。

图9-97　设置文本框属性　　　　　　图9-98　添加"云朵"元件

（三）编辑交互式脚本

　　将元件及动画关键帧编辑完成后，用户就可以开始进行交互式
脚本的编辑。当脚本编辑完成后，游戏就制作完成了，其具体操作
如下。

（1）新建"图层9"，按两次【F6】键插入两个关键帧，选择第1帧，在
"动作"面板中输入鼠标属性和按钮事件脚本，如图9-99所示。

（2）选择第2帧，在"动作"面板中输入图9-100所示的脚本。

微课视频

编辑交互式脚本

```
1   stop();
2   Mouse.hide();
3   begin.visible=false;
4   addEventListener(Event.ENTER_FRAME, enterfrm);
5   function enterfrm(evt) {
6       chui.x=mouseX;
7       chui.y=mouseY;
8   }
9   addEventListener(MouseEvent.MOUSE_DOWN, msdown)
10  function msdown(evt) {
11      chui.gotoAndPlay(2);
12  }
13  ds.addEventListener(MouseEvent.MOUSE_OVER, moverds);
14  function moverds(evt) {
15      begin.visible=true;
16  }
17  ds.addEventListener(MouseEvent.MOUSE_OUT, moutds);
18  function moutds(evt) {
19      begin.visible=false;
20  }
21  ds.addEventListener(MouseEvent.MOUSE_DOWN, mdownds);
22  function mdownds(evt) {
23      ds.removeEventListener(MouseEvent.MOUSE_OUT, moutds);
24      nextFrame();
25  }
```

图9-99　为第1帧输入脚本

```
1   var score:globalnum=new globalnum();
2   var tms = 300;
3   var intime = setInterval(gmplay,100);
4   function gmplay()
5   {
6       tms--;
7       txttm.text = String(tms / 10);
8       txtsc.text = score.getnum();
9       if (tms <= 0)
10      {
11          clearInterval(intime)
12          nextFrame();
13      }
14  }
```

图9-100　为第2帧输入脚本

（3）在第3帧处按【F6】键插入关键帧，在"动作"面板中输入"返回"按钮事件脚本，如图9-101所示。

（4）选择【文件】/【新建】菜单命令，在弹出的"新建文档"对话框中选择"ActionScript文件"选项，然后单击 确定 按钮，新建一个"globalnum.as"文件。在脚本窗口中输入脚本，然后和"打地鼠游戏.fla"动画文档一起保存在相同的文件夹中，如图9-102所示。

```
1   txtdf.text = score.getnum();
2   replay.addEventListener(MouseEvent.MOUSE_DOWN, rplay);
3   function rplay(evt)
4   {
5       score.clearnum();
6       gotoAndStop(1);
7   }
```

图9-101　为第3帧输入脚本

```
1   package {
2       public class globalnum {
3           static var num=0;
4           public function setnum() {
5               num++;
6           }
7           public function getnum() {
8               return num;
9           }
10          public function clearnum() {
11              num=0;
12          }
13      }
14  }
```

图9-102　新建"globalnum.as"文件

（四）测试和发布动画

制作完Flash游戏后，需要对动画进行测试，特别需要测试脚本是否正确，测试通过后，就可以对游戏进行发布了，其具体操作如下。

（1）按【Ctrl+Enter】组合键测试动画。

（2）选择【文件】/【发布设置】菜单命令，打开"发布设置"对话框，在"发布"栏中选中"Flash(.swf)"复选框，设置"JPEG品质"为"70"。单击"音频流"选项后的文本，打开"声音设置"对话框，设置"压缩"为"禁用"，如图9-103所示，单击 确定 按钮。使用相同的方法设置"音频事件"的"压缩"为"禁用"。

（3）在"高级"栏中选中"防止导入"复选框，在"密码"文本框中输入"111"作为编辑密码，单击 发布(P) 按钮，发布动画，如图9-104所示。

微课视频

测试和发布动画

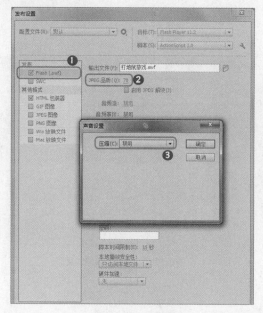 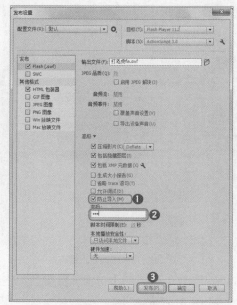

图9-103　发布设置　　　　　　　　　　图9-104　为文档设置保护

（4）按【Ctrl+S】组合键，保存动画文档，完成制作。

实训一　制作"童年"MTV

【实训要求】

本实训要求制作"童年"MTV，要求MTV的风格充满童趣，但不要使用过多的元素，同时应当注意配色，使MTV具有画面感。本实训的参考效果如图9-105所示。

【实训思路】

先创建引导层动画，并使用"文本工具"添加歌词，再创建补间动画，然后添加声音文件。

效果文件

"童年"MTV

图9-105　"童年"MTV

素材所在位置　素材文件\项目九\实训一\童年MTV\
效果所在位置　效果文件\项目九\实训一\童年MTV.fla

【步骤提示】

（1）搜集制作"童年"MTV需要的资料，如与童年相关的图片，构思好MTV的制作方案。

（2）新建一个尺寸为"500像素×300像素"的动画文档，导入素材，新建"飞鸟"影片剪辑元件，利用引导层制作飞鸟运动动画。

（3）在影片剪辑元件中使用"任意变形工具" 制作眨眼动画。

（4）新建"叶子"影片剪辑元件，并通过引导层制作叶子飘落动画，注意为飘落的叶子添加旋转等属性。

（5）分别制作"开始"按钮和"重新开始"按钮。

（6）返回场景中，用绘图工具绘制一个封面图形，并输入MTV标题等文本，添加场景动画，然后新建图层，在其中添加歌词。

（7）新建图层，使用"库"面板中的图形素材和制作好的动画元件制作补间动画。

（8）添加背景音乐，并将"开始"和"重新开始"按钮分别放置在第1帧和最后一帧，添加相应的控制脚本。

实训二　制作"青蛙跳"小游戏

【实训要求】

本实训要求制作一个"青蛙跳"Flash小游戏，效果如图9-106所示。

【实训思路】

先绘制青蛙跳动的动画，然后新建ActionScript文件，制作代码文件。

图9-106　"青蛙跳"小游戏

 素材所在位置　素材文件\项目九\实训二\青蛙跳小游戏\
效果所在位置　效果文件\项目九\实训二\青蛙跳小游戏.fla

【步骤提示】

（1）搜集"青蛙跳"游戏的相关资料。认真查找游戏的相关资料，查看类似的游戏产品，总结特点，构思制作游戏的方案。

（2）制作按钮元件。新建按钮元件，创建"重新开始"按钮元件。

（3）制作影片剪辑元件。通过图形元件，在影片剪辑元件中创建青蛙跳动的动画。

（4）添加脚本语句。返回场景中，新建图层，在不同的图层中放置不同的素材，新建脚本图层，在其中输入脚本语句。

（5）新建不同的ActionScript文件，将文件与影片剪辑元件相链接。

实训三 制作"网站封面"动画

【实训要求】

本实训将制作一个电子产品公司的"网站封面"动画，且在动画中添加公司最近正在进行的活动信息，吸引浏览者的注意，参考效果如图9-107所示。

【实训思路】

通过本实训巩固"网站封面"动画和"网站菜单动画"的制作方法等知识，并练习补间动画、遮罩动画、引导层动画、元件的制作及脚本的编辑等操作。

图9-107 "网站封面"动画

素材所在位置 素材文件\项目九\实训三\网站封面动画\
效果所在位置 效果文件\项目九\实训三\网站封面动画.fla、indx.html

【步骤提示】

（1）新建一个尺寸为"1024像素×576像素"，"背景颜色"为"#000000"的动画文档，导入素材图像，从"库"面板中移动"背景.jpg"图像到舞台中，并将其转换为图形元件，然后制作从右向左移动的补间动画。

制作"网站封面"动画

（2）新建图层，移动"背景"元件到舞台中，并制作从左向右移动的补间动画。新建遮罩图层，从"背景.jpg"图像中截取山峰部分放入遮罩图层中，制作遮罩补间动画。

（3）新建图层，从"库"面板中移动"活动1.jpg"图像到舞台中，调整大小和方向，并将其转换为图形元件，制作从舞台上方向舞台中间移动的补间动画，并在"属性"面板中设置"旋转"为"1次"。

（4）新建图层，从"库"面板中移动"活动2.jpg"到舞台中，输入文本，并将图像和文本一起转换为影片剪辑元件，然后制作从右上角向舞台中间移动的补间动画。

（5）新建图层，新建"按钮"按钮元件，在第180帧处插入关键帧，制作"按钮"实例从"活动2"实例处向右下移动的补间动画。

（6）新建ActionScript图层，在第200帧处输入ActionScript脚本。

（7）新建图层，在第201帧处插入关键帧，从"库"面板中移动"网站主页.jpg"图像到舞台中作为背景。

（8）新建图层，在第201帧处插入关键帧，从"库"面板中移动"商品介绍.png"图像到舞台中，并制作移动补间动画。

（9）新建图层，在第225帧处插入关键帧，并将制作好的导航菜单移动到舞台上，并在第225帧处输入ActionScript脚本"stop();"。

常见疑难问题解析

问：隐藏了图层，为什么在发布动画时还是会显示？

答：隐藏图层是为了在制作动画的过程中方便对其他图层中的内容进行操作，但在发布动画时还是会显示。如果要在发布时隐藏图层，需要对该图层中的内容命名，然后通过设置ActionScript脚本来实现，如"gmover.visible=false;//隐藏结束场景"。

问：为什么提示访问的属性未定义？

答：出现这种情况是因为没有对要引用的元件进行实例命名，或是在ActionScript脚本中引用的对象路径指代不明。如在"赛车.fla"游戏中，"endtext"动态文本是在"gmover"影片剪辑元件实例中创建并命名的，但在主场景的ActionScript脚本中输入"endtext.text=sctext.text;"，就会出现访问属性未定义的错误。修改脚本为"gmover.endtext.text=sctext.text;"即可。

拓展知识

1. 导入AI文件

有时候直接在Flash CS6中绘制动画素材比较麻烦，此时可在AI（Adobe Illustrator）中绘制图形，然后选择【文件】/【导入】/【导入到库】菜单命令来导入AI文件，在Flash CS6中对导入的AI图形进行编辑。

2. Flash CS6中与键盘对应的按键代码

在Flash CS6的ActionScript脚本中包括了键盘上常用的各种键值，如"37"表示键盘上的【←】键，"39"表示键盘上的【→】键，在ActionScript代码中可通过输入"if(evt.keyCode==37){lorr=-5;}"来使用按键代码。

课后练习

（1）本练习将制作"龟兔赛跑"动画，先启动Flash CS6，使用绘图工具绘制乌龟和兔子的各种形象，然后通过绘图工具对需要使用的场景元素进行绘制，绘制完成后，新建影片剪辑元件，在其中加入乌龟和兔子的逐帧运动元件，并制作补间动画。完成后的效果如图9-108所示。

"龟兔赛跑"动画

图9-108 "龟兔赛跑"动画

 效果所在位置 效果文件\项目九\课后练习\龟兔赛跑.fla

（2）本练习将制作"快餐广告"动画，先打开"快餐素材.fla"动画文档，添加文本并分散到各图层，然后创建补间动画并应用缓动效果。完成后的效果如图9-109所示。

"快餐广告"动画

图9-109 "快餐广告"动画

 素材所在位置 素材文件\项目九\课后练习\快餐素材.fla
效果所在位置 效果文件\项目九\课后练习\快餐广告.fla